上海大学管理学院、沈阳农业大学经济管理学院学术文库出版基金资助

信息能力、锚定调整与菜农使用农药行为转变

——基于山东省的调查

王绪龙　周　静　著

中国农业出版社

　　本研究得到国家自然科学基金面上项目"信息获取、锚定调整与菜农使用农药行为：机理与实证"（编号：71473167）的资助。特此感谢！本书为国家自然科学基金面上项目（编号：71473167）的研究成果之一。

前　言

　　蔬菜等农产品的质量安全问题已成为全社会关注的焦点和热点，菜农使用违禁农药、不规范使用农药行为导致的农药残留等问题引发了严重的社会问题。改变菜农使用农药行为，提高菜农科学使用农药水平，有利于降低农药残留，减少施药对土壤和水质的污染，提高农产品质量安全，提高农产品国际竞争力。心理变量是行为改变的重要因素，但以往的研究往往忽略这一视角。本研究尝试按照行为经济学的研究范式，从菜农使用农药决策过程的信息获取、锚定调整这两个重要阶段出发，探讨并验证菜农使用农药行为转变的作用机理，剖析信息能力、锚定调整对菜农使用农药行为转变的影响。

　　本研究共分七章，核心章节为第三章至第六章，主要研究内容可概括为两个部分：

　　（1）理论分析。首先通过心理学动机理论对菜农使用农药行为转变动机进行分析，其次通过高级微观经济理论和演化博弈论对菜农使用农药行为转变进行经济学解释，最后根据信息科学中的全信息理论、心理学中的锚定调整模型和行为经济学中的经典理论揭示菜农使用农药行为转变的机理。

　　（2）经验分析。根据山东省潍坊市、淄博市、东营市、烟台市、青岛市、日照市和莱芜市306户菜农的调研数据，本研究首先从信息意识、信息需求、信息认知、信息获取、信息使用和信息来源和渠道几个方面对菜农的信息能力水平进行测度，并通过有序回归得到显著影响因素；其次，对菜农的认知锚定和认知调整进行分析，通过结构方程模型验证了信息能力对菜农认知调整、主观规范和知觉行为控制等心理变量的影响；最后，运用结构方程模型对菜农使用农药行为转变机理进行验证。

本研究的主要发现：

第一，菜农的信息意识、信息需求、信息认知、信息获取、信息使用水平较高，培训经历是主要的显著影响因素。菜农的信息来源和渠道单一且主要以传统渠道为主；菜农对农药相关信息的获取来源和渠道主要是通过销售人员的介绍，对于选择何种农药进行病虫害防治，主要是凭自我经验；种植年限越长，菜农越倾向于凭自我经验而不是采用其他渠道，培训经历作为年龄和信息渠道选择的一个混淆变量影响了菜农的信息渠道选择。

第二，菜农在农药购买量、购买地点、农药使用间隔期和农药使用后的废弃物处理等方面的认知锚定程度较高；受外界信息的影响，菜农对农药残留、农药残留对健康和环境的影响等方面的认知发生了较大程度的改变。培训经历对菜农的认知锚定首先有调整作用，之后又有强化作用。从信息能力对菜农锚定调整的影响看，菜农信息能力对认知调整、主观规范和知觉行为控制等心理变量的影响主要是通过信息获取因子起作用，菜农信息能力水平的提高对认知调整程度、主观规范程度和知觉行为控制程度都有正向的显著影响。

第三，信息能力对菜农使用农药行为转变的影响存在部分中介效应；信息能力通过信息使用因子对菜农使用农药行为转变产生直接影响；信息获取因子通过认知调整和主观规范对菜农的农药使用行为产生间接影响，没有通过知觉行为控制间接对菜农使用农药行为产生影响；培训经历作为调节变量对信息能力影响菜农使用农药行为转变的路径产生一定的影响。

本研究具有以下几方面特点：

第一，研究视角上：本研究验证了菜农使用农药行为的转变机理不是单单对菜农使用农药行为的研究，只有菜农使用农药行为发生了转变，才能从蔬菜的生产源头保障蔬菜的质量安全。

第二，研究内容上：①基于信息科学中的全信息理论对菜农的信息意识、信息需求、信息认知、信息获取和信息使用水平进行了测算；②基于心理学的锚定心理模型和锚定调整模型对信息能力影响菜农锚定调整的作用机理进行了验证；③从三方面验证了信息能力影响菜农使用农药行为转变的部分中介效应，即信息能力通过认知调整对菜农使用农药行为转变的影响，信息能力通过认知调整、主观规范和知觉行为控制对菜农使用农药行为转变的影响和培训经历对信息能力通过认知调整影响菜农使用农药行为转变起到调节变量的作用。

第三，研究范式上：本研究基于行为经济学研究范式，将信息科学、心理学相关理论引入到对菜农使用农药行为转变的分析中，细致刻画了信息能力、锚定调整对菜农使用农药行为转变的影响。

目　　录

第一章 导　　论

1.1　研究背景与意义

1.1.1　研究背景与问题的提出

随着我国经济的发展和人们生活水平的不断提高，人们对蔬菜等农产品的质量要求越来越高，对农产品的质量安全问题可能导致的系列后果开始担忧（冯忠泽，2007），因此食品安全问题已成为社会各个主体聚焦的一个热点。其中，农药残留、违禁农药的施用等问题已成为全社会关注的焦点，成为农产品质量安全问题研究中的重中之重。但蔬菜生产离不开农药的使用，农药是菜农防治蔬菜病虫害最常用甚至是首选的措施（杨普云，2007；尹可锁，2009），究其原因，是由于农药在预防和控制病虫杂草危害、减少病虫害传播、保护和挽回产量等方面起到重要作用（刘平青，1999；黄慈渊，2008；包书政，2012），在通过植物保护所增加的粮食产量中，农药的贡献超过 80%（顾晓军，2003），在水果和蔬菜生产中的贡献则更大（王志刚，2009）。为了规范农药的施用，将农药在农产品中的残留等危害降到最低，我国《农药管理条例》（2001）第二十七条明确规定剧毒、高毒农药不得用于蔬菜；《中华人民共和国农产品质量安全法》（2006）第十九条规定农产品生产者应当合理使用农药，防止对农产品产地造成污染；《中华人民共和国食品安全法》（2009）第二十八条禁止生产经营农药残留含量超标食品。但是菜农在使用农药的过程中，依然存在过量施用农药的行为，未能严格按照标签对农药进行稀释、过量施用农药等一系列不规范的使用行为，甚至施用违禁农药（谢惠波，2005；王志刚，2009；P. C. Abhilash，2009；代云云，2012；魏欣，2012）。其中，蔬菜中的农药残留已经成为一个尤为突出的普遍性问题（Ewa Rembial Kowska，2007；Topp，2007）。

菜农使用农药的一系列不规范行为不仅影响到农产品的质量安全、危害人体健康，使消费者对于市场上的蔬菜质量变得不信任（王二朋，2011），而且过量使用农药还会污染生态环境、诱发国际贸易纠纷等（苏祝成，2000；张俊，2004；孙向东，2005；刘梅，2008；童霞，2011；高申荣，2012）。相关学者将研究目光聚焦于农户的生产环节，探究这一环节中可能会发生的一系列农产品质量安全问题，尤其是农户的施药行为可能引起的农产品质量安全问题，并试图从农户生产视角，探究避免农户不规范用药、使用安全农药的有效措施。随着对农业生产领域和微观主体行为的关注，学者开始将上述问题的研究视线转移到利益相关者的行为研究上：Sheriff（2005）以及 Starbird（2005）等认为政府受执行成本所限，不可能对农户所有不安全的生产行为进行规制，这为农户发生道德风险提供了可能性；冀玮（2012）认为，基于逐利性和机会主义，农业生产者的主观故意行为导致了农产品质量安全问题；费威（2013）提出应该逐步建立与完善农产品质量安全追溯体系，以经济手段为主、政策为辅激励和约束农户生产行为，从而保证农产品质量安全；和丽芬（2012）认为政府规制的效果如何对于农产品质量安全问题起到至关重要的作用。上述研究认为，如果通过一系列的约束条件转变菜农的农药使用行为，比如通过约束条件使得菜农从使用禁用农药转变为使用合法农药、从高残留农药转为使用低残留农药、从过量使用到按照标签使用等系列行为，这可能是提升蔬菜质量和安全性的一个有力保障。但核心问题是，如果这些约束条件被找到，比如加强监督、加大惩罚力度、通过完善市场机制如建立农产品追溯体系等，这些约束是通过什么机制来实现菜农的农药使用行为发生转变？其中的核心和关键因素是什么？这显然是个急需回答的科学问题。

对于影响行为的因素，王建华（2016）指出，如果忽略了农户心理变量的分析，则无法准确揭示出农户施药行为的影响因素，更不能有效规范农户施药行为。传统经济学中行为由偏好决定，而行为经济学则表明心智决定行为，行为经济学的主流理论如理性行为理论、计划行为理论等表明，人类行为是由人的态度、主观规范和知觉行为控制等心理因素决定的（Fishbein，1975；Ajzen，1991）。周洁红（2005，2006）、张莉侠（2009a）、赵建欣（2009）、江激宇（2012）、程琳（2014）和王建华（2014，2016）等人通过实证检验发现，农户的认知态度、主观规范、预期目标收益和自我控制等心理因素是农户蔬菜质量安全行为选择的内在动力因素。A. Tversky 和 D. Kahneman（1974）研究发现，人们对于不确定性事物的认知判断，是在初始判断（initial judgment）形成锚（anchoring）的基础上做一适当调整，形成对新事物的评价，然后决定行为，人们由于采用启发式的认知策略以节省认知成本，容易形成心理上的锚定效应①。菜农使用农药的种类、数量、配比比例、喷洒时间和方法等一系列行为也往往容易形成一种既定经验，尤其是长期种植蔬菜的菜农，种植年限越长，对个人过去既定经验的依赖性越强（贾雪莉，2011；魏欣，2012）。因此，如何调整菜农的锚定心理，成为菜

---

① 锚定效应（anchoring effect）是指在不确定情境下，判断与决策的结果或目标值向初始信息或初始值即"锚"的方向接近而产生估计偏差的现象（王晓庄，2009）。

农使用农药行为转变的一个关键。

虽然已有学者开始关注心理变量对菜农使用农药行为的影响，但就菜农使用农药行为的转变而言，还需要考虑影响心理变量的前导变量。行为转变理论中的知信行模式表明，人类行为的转变分为获取知识（信息）、产生信念及形成行为三个连续过程，其中知（知识和信息）是基础，信（态度和信念）是动力，行（转变行为）是目标；计划行为理论等也基于信息加工的角度阐释个体行为的决策过程；行为经济学发展到今天的神经经济学表明，人的行为来自于人脑机制，人脑活动过程本质上是一个信息处理的过程（马庆国，2006）。由此可见，获取信息对于菜农的行为转变起到重要的作用，菜农获取到的信息是影响其心理变量的前导变量。但由于菜农获取的信息在具体形式上千差万别，菜农获取到的具体形式的信息对心理变量的影响，从一般意义上体现在菜农的信息能力对心理变量的影响。因此，基于以上分析，本研究将菜农的信息能力作为影响心理变量的前导变量，按照行为经济学的研究范式，从菜农使用农药决策过程的获取信息、锚定调整这两个重要阶段出发，探讨并验证菜农使用农药行为转变的作用机理，为政府合理发布信息，引导菜农认知改变，从而改变使用农药行为，尽可能减少农药在蔬菜中的残留等危害，达到保障蔬菜质量安全的目的并提出针对性政策参考。

1.1.2 研究意义

本研究从菜农使用农药决策过程的获取信息和锚定调整这两个重要阶段出发，探讨并验证信息能力通过锚定调整中介变量对菜农使用农药行为转变的作用，从行为转变的视角厘清菜农使用农药行为转变的作用机理，具有重要的理论意义；通过揭示影响菜农使用农药行为转变的关键因素和菜农使用农药行为转变作用机理，提出改变菜农传统农药使用行为的针对性对策建议，对减少农药在蔬菜中的残留危害，保障食品安全具有重要的现实意义；同时对上述问题的回答，也进一步丰富了当前对菜农使用农药行为的研究，为相关研究提供参考和借鉴。

1.2 概念界定、研究目标和内容

1.2.1 概念界定

（1）信息能力

指菜农通过注意与选择功能把本体论信息转换为认识论信息的能力。本研究中的信息能力是一个广义的构念，具体包括信息意识、信息需求、信息认知、信息获取、信息使用和信息来源与渠道等方面（因子）。

（2）锚定调整（anchoring-adjustment）

本研究的锚定调整是指菜农对农药认知的改变，是基于以往传统农药认知为参照系，在外界信息的影响下，对农药的认知进行不断的调整，最后形成对农药的新认知（即新的起始点或锚）。

（3）农药使用行为转变

按照行为经济学的研究范式，菜农使用农药行为包括购买行为、购买后使用或闲置行为。本研究的菜农使用农药行为主要是包括购买和使用行为，不包括购买后的闲置行为，因此农药施药行为的转变主要指菜农从使用禁用农药到合法农药、从高残留农药转为使用低残留农药、从过量使用到按照标签使用等可以提升蔬菜质量和安全性方向的行为转变。

1.2.2 研究目标

本研究尝试揭示菜农使用农药行为转变的作用机理，验证信息能力提升对锚定调整的影响，并进一步测度信息能力通过中介变量锚定调整对菜农使用农药行为转变的影响，明确提升菜农信息能力起到的关键作用，为政府制定针对性政策提供依据，并为相关研究提供研究借鉴。具体目标如下：

（1）运用全信息理论揭示菜农获取农药信息的机理，验证影响菜农信息能力的显著因素。

（2）考察菜农对农药认知的锚定特征，从理论和实证方面分析菜农信息能力对锚定调整所起到的作用。

（3）揭示菜农信息能力对菜农使用农药行为转变的影响机理，分析菜农信息能力、锚定调整与菜农使用农药行为转变的互动关系，探究信息能力对锚定调整、锚定调整对菜农使用农药行为转变的影响。

1.2.3　研究内容

本研究主要包括以下三部分研究内容：

（1）菜农的信息能力测度及其影响因素

运用全信息理论揭示菜农获取农药信息的机理，从信息意识、信息需求、信息认知、信息获取和信息使用等方面考察菜农的信息能力，验证影响菜农信息能力的显著因素。主要内容包括菜农获取信息的机理、菜农信息能力的测度和影响菜农信息能力的因素等。

（2）菜农信息能力的提升对锚定调整的影响

菜农对农药的认知往往受以往经验的约束而成为一种"惯性"或"定势"，即菜农认知的锚定。菜农在获取到相关信息后，会对自己的认知产生影响，并不断地调整自己的认知判断。基于此，本研究在考察菜农对农药认知锚定和认知调整特征基础上，从理论和实证方面分析菜农信息能力对认知锚定调整所起到的作用。主要内容包括菜农对农药认知锚定和认知调整特征、影响菜农认知锚定和认知调整的显著因素以及信息能力对菜农认知锚定调整、主观规范和知觉行为控制的影响。

(3) 信息能力对菜农使用农药行为转变的影响

通过菜农信息能力提升对菜农使用农药行为转变的影响机理，基于结构方程模型验证菜农信息能力通过中介变量锚定调整对菜农使用农药行为转变的互动关系，主要内容包括信息能力对菜农使用农药行为转变的直接影响，信息能力通过认知调整、主观规范和知觉行为控制心理变量对菜农使用农药行为转变的间接影响以及培训经历作为调节变量分组讨论信息能力、锚定调整对菜农使用农药行为转变的影响。

1.3 研究方法与数据来源

1.3.1 研究方法

研究内容（1）的研究方法：理论分析法、计量经济模型法。

理论分析法：通过信息科学的全信息理论对菜农获取信息的原理进行分析。

计量经济模型法：①对于菜农信息能力水平的测算，将被测算的潜变量设置为几个具体的观测变量，根据被调查者的回答赋分（黄季焜，2008），采用加总量表法测算出被测算潜变量的整体水平；②采用有序回归揭示影响菜农信息意识、信息需求、信息认知、信息获取和信息使用的显著因素，并通过结构方程中的多指标多因果模型（MIMIC）对影响路径进行验证；③采用二元 Logit 模型分析菜农是否凭借自我经验选择农药品种的影响因素。

研究内容（2）的研究方法：理论模型分析法和计量经济模型法。

理论模型分析法：根据心理学锚定心理模型和锚定调整模型对菜农的认知锚定和认知调整进行分析。

计量经济模型法：①菜农对农药认知锚定和认知调整采用加总量表法；②菜农认知锚定和认知调整的影响因素通过有序回归分析，并通过结构方程中的多指标多因果模型（MIMIC）对影响路径进行验证；③运用 SEM 模型分析信息能力对菜农认知调整、主观规范和知觉行为控制的影响。分析潜在外生变量与潜在内生变量之间的因果关系：

$$\eta = B\eta + \Gamma\xi + \zeta$$

其中，ξ 为潜在外生变量矩阵；η 为潜在内生变量矩阵；Γ 为结构系数矩阵，表示 ξ 对 η 的影响；B 为结构系数矩阵，表示 η 的构成因素间的影响；ζ 为结构方程的残差矩阵。以锚定调整、行为转变为内生潜变量，各个测量指标作为观测变量，运用 AMOS 软件拟合出各变量的影响系数。

研究内容（3）的研究方法：计量经济模型法。

①对菜农行为转变的测算采用加总量表法；②菜农行为转变的影响因素采用有序回归分析，并通过结构方程中的多指标多因果模型（MIMIC）对影响路径进行验证；③运用 SEM 模型分析信息能力、锚定调整对菜农使用农药行为转变的影响。

具体应用的统计和计量分析软件：本研究采用 EXCEL 软件对原始调研数据进行处理，采用 SPSS 19.0 软件对处理数据进行统计描述和回归分析，采用 AMOS 20.0 软件对模型进行拟合。

1.3.2 数据来源

本研究所采用的数据来源于山东省。

(1) 问卷设计

首先，根据相关文献结合实际研究内容编制问卷草稿；其次，通过拜访相关专家对问卷草稿进行论证，在论证基础上对调研问卷进行修改，然后到农村对蔬菜种植户进行小范围的测试，根据菜农的回答和调研数据的信度和效度进行测算，再根据出现的问题邀请辽宁省农业科学院相关专家、辽宁省农村经济委员会信息中心相关专家、大学教授和课题组成员开会专题论证，对调研问卷再次修改；最后，确定最终问卷，用于正式调研。本研究所使用的数据为截面数据，而有些心理变量如认知的变化是一个动态发展的结果，对该类问题的量化处理采用心理学研究中使用的问卷方式，通过让被调研对象与自己数年前（如五年或三年）[①] 的情况进行比较，得到被调查者该类变量的变化程度。

（2）调研区域选择与调研时间

无论是从蔬菜产业的产值、产量还是播种面积，山东省常年居全国首位。根据赵婷（2016）对山东省 17 市 2004—2013 年蔬菜产业优势的测算，具备蔬菜产业发展的资源禀赋优势区域主要在鲁中地区和鲁西南地区，蔬菜生产规模化、集中化程度高的地区主要集中在鲁西南、鲁中地区，蔬菜生产的优势区域集中在鲁中、鲁中南地区[②]，从品牌和闻名程度上看，潍坊市尤其是寿光市的蔬菜闻名全国，综合考虑以上各个方面，本研究的调研区域选择以潍坊市为中心的鲁中地区；根据山东省统计局 2015 年发布的统计数据，2014 年潍坊市与周边城市蔬菜种植面积的比例大致为 1.48∶1.68，产量的比例大致为 1.23∶1.53，因此将潍坊市作为一个独立区域，周边的城市合并为一个区域，按照随机抽样的原则在潍坊市及其地缘相近的周边城市淄博市、东营市、

---

① 本次调研选用五年作为时间段，原因是考虑到国家规划时间一般为 5 年，在每个规划时间段上的政策等有偏重点，对人们的认知影响痕迹具有阶段性，且调研时间在 2015 年，正好是国家"十二五"规划的结尾年；但根据辽宁省信息中心的专家意见，信息的发布到更替时间段一般为 3 年，因此后续的调研将修改为近 3 年。

② 赵婷，张吉国．山东蔬菜生产的区域比较优势分析［J］．科技和产业，2016（1）：17-21.

烟台市、青岛市、日照市和莱芜市也进行了调研。调研时间为2015 年的 1—3 月。

（3）调研样本

回收问卷 320 份，剔除缺乏关键数据的无效问卷，得到有效问卷 306 份，问卷有效率为 95.6％，有效问卷样本数满足 Nunnally 等建议样本量大于测量问题数目 5 倍的要求。潍坊市作为独立区域，调研有效问卷 147 份，占总样本数的 48.04％，在地缘上与潍坊市相近的其他各市淄博市、东营市、烟台市、青岛市、日照市和莱芜市作为一个合并区域，调研 159 份，占样本总数的 51.96％。

1.4　分析框架、研究结构及技术路线

1.4.1　分析框架

本研究尝试揭示信息能力、锚定调整对菜农使用农药行为转变的影响。信息能力、锚定调整是菜农使用农药行为转变的重要变量，有多年蔬菜种植经验的菜农使用农药行为转变，是基于菜农获取到农药等相关信息后，对已经形成的既定锚定心理产生影响，即菜农先获取相关信息，并分析、处理所得信息，在既有的内部锚共同作用下，菜农获取的信息对菜农的锚定心理产生作用，并引起菜农锚定心理的调整，一旦菜农的锚定心理调整充分，便会导致菜农使用农药行为发生转变。菜农信息能力的提升能够导致菜农锚定心理调整程度的加大，从而引起菜农使用农药行为的转变，当然，菜农的行为转变也可能不经过认知等心理因素的调整，而是直接根据所获取的信息进行模仿。在上述各变量间的作用路径中，菜农的个体特征变量起到调节变量的作用。综上所述，本研究的逻辑关系如图 1-1 所示。

图 1-1 研究逻辑关系

基于上述逻辑关系，根据研究问题涉及的研究内容及其拟达到的研究目标，将本研究设计为理论分析、实证检验和提出针对性建议三部分的分析框架。

首先，通过心理学动机理论对菜农使用农药行为转变动机进行分析，利用高级微观经济理论和演化博弈论对菜农使用农药行为转变进行经济学解释，利用信息科学中全信息理论、心理学锚定调整模型和行为经济学经典理论揭示菜农使用农药行为转变的机理；

其次，对信息能力、锚定调整对菜农使用农药行为转变的影响进行验证。根据调研数据，对信息意识、信息需求、信息认知、信息获取、信息使用和信息来源和渠道方面对菜农的信息能力水平进行了测度，并找到其显著影响因素；对菜农的认知锚定和认知调整进行了分析，验证了信息能力对菜农认知调整的影响；运用结构方程模型对菜农使用农药行为转变机理进行验证。

最后，根据验证结果，从保障蔬菜质量安全视角出发，给出相应的对策建议。

1.4.2 研究结构

基于上述分析框架，本研究共由七章构成。

第一章 导论。主要介绍研究背景和论文的立论依据、研究意义、研究目标、研究内容、研究方法以及研究的创新点。

第二章 文献回顾与述评。根据研究主题，对菜农的信息能力、认知和农药使用行为的文献进行了回顾与述评。

第三章 菜农使用农药行为转变的理论分析。首先根据心理学理论讨论了菜农使用农药行为转变的几种动机；其次利用高级微观经济学理论和演化博弈论对菜农的农药使用行为转变进行了分析；最后利用行为经济学理论对菜农获取信息的机理、信息能力对锚定心理的影响机理和信息能力、锚定调整与菜农使用农药行为转变机理进行了分析。

第四章 菜农信息能力测度及其影响因素。基于全信息理论利用加总量表法对菜农的信息意识、信息需求、信息认知、信息获取、信息使用水平和信息来源与渠道进行了测算和分析，并对菜农信息意识、信息需求、信息认知、信息获取、信息使用水平和信息渠道选择的影响因素进行了分析。

第五章 菜农信息能力对锚定调整的影响。首先基于锚定心理模型讨论了菜农锚定心理形成的一般过程，并对菜农的认知锚定和认知调整做了调研分析，找出影响菜农认知锚定和认知调整的显著因素，然后讨论了菜农信息能力对菜农认知锚定、主观规范和知觉行为控制的影响。

第六章 信息能力、锚定调整对菜农使用农药行为转变的影响。主要分析信息能力对菜农使用农药行为转变的直接影响和信息能力通过中介变量锚定调整对菜农使用农药行为转变的间接影响。首先，对菜农使用农药行为的转变情况进行了分析并找到影响菜农使用农药行为转变的显著因素；其次，验证了信息能力对菜农使用农药行为转变的直接影响；最后，验证了信息能力通过认知调整、主观规范和知觉行为控制心理变量对菜农使用农药行为转变的间接影响以及培训经历作为调节变量分组讨论信息能力、锚定调整对菜农使用农药行为转变的影响。

第七章 结论及政策含义。根据验证结果得出的相关结论，从保障蔬菜质量安全视角出发，给出相应的对策建议。

1.4.3 技术路线

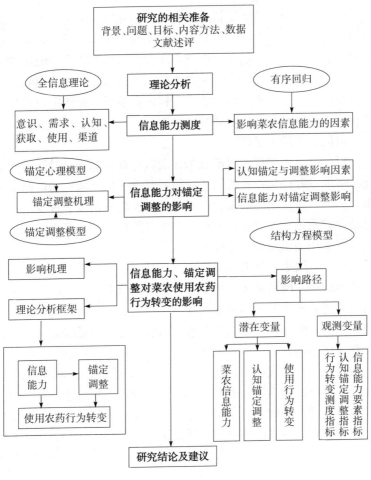

图 1-2 技术路线

1.5　可能的创新点与不足

可能的创新之处：

第一，本研究验证了信息能力通过中介变量锚定调整影响菜农使用农药行为转变的作用关系，即菜农使用农药行为转变是基于"信息发布→菜农信息获取→心理调整→行为转变"的机理。

第二，从信息能力入手探讨心理因素对行为转变的影响是一种有益的尝试，证实了信息能力、锚定调整对菜农使用农药行为转变的影响，有一定的创新性。

可能存在的不足之处：

第一，样本抽样和调研数据方面：尽管在调研时对样本的选择尽可能本着随机抽样的原则，但是要真正做到随机抽样确实很难。另外，所采用的数据为截面数据，虽然从信度、效度以及拟合结果看质量相对较高，但在有些问题的处理上如菜农的认知变化如果采用面板数据可能效果更好。

第二，量表设计方面：量表设计是否科学关系到对于本研究所提出的科学问题证实的科学性，尽管本研究的量表设计方面专门走访了心理学博士和专任教师，组织相关专家对问卷设计进行研讨，但是受作者的专业以及水平限制，可能在量表的设计上仍然存在诸多问题，因而可能对研究结果有一定的影响。

第三，对菜农使用农药行为转变的研究涉及多学科的交叉，尤其是涉及心理学方面的专业知识，尽管作者尽可能地将一些必要的知识掌握吸收，但是受专业限制和交叉学科的专业知识积累不够等原因，可能在有些问题如菜农的心理研究上仍然不够深入。

第二章　文献回顾与述评

2.1　农户信息获取

(1) 农户获取信息渠道

农户信息获取来源多样，但是农户在信息获取来源方面却趋同化，基本限于本地市场，除零售商和合作伙伴外，其他信息来源的信息质量一般不高（毛飞，2001；Shuqin Jin，2014），在缺乏适当的推广服务的情况下，零售商已成为我国农村农户农药使用信息的主要来源，因为对于乡村、城镇和县城的零售商来说，他们更熟悉农民，他们更可能扩大农药使用的推荐剂量。尹可锁（2009）调研发现，滇池周边蔬菜种植户75.3％的农户根据农药经销商推荐选购农药。在合作社中，蔬菜种植户购买过的农药以及防治效果信息会直接传递到没有获取相关信息的成员。尽管大众传播与人际传播各有优势，在传播不同信息时发挥着不同的作用，农户普遍采用的信息渠道除朋友和零售商外，还有村领导、电视等信息渠道，而报纸、广播或收音机、互联网等大众传媒的使用相对较少（马九杰，2008）。在贫困地区，农户选择信息的渠道偏好电视和报刊，但是针对与生计有关的科技信息，农户最满意的信息渠道仍然是村能人、市场（集市）等人际传播渠道，且扮演意见领袖的人在中西部地区的科技信息传播中仍起重要的作用（谭英，2004）。在经济发达地区，菜农获取信息的渠道更容易趋向于媒体，鲁柏祥（2000）在浙江省的调研发现，广播对"什么时间用药"的影响最大，但在用药的频次、使用何种农药、使用多少农药等方面则更多地依赖于村干部与农技员,农户的用药决策仍主要依赖于自己的观察和经验。错位的信息供给与信息需求导致农户在进行生产信息获取、生产管理和产品市场化过程仅依靠自己以往的经验进行决策和判断,因而存在着很大的盲目性(卢敏,2010)。

(2)农户信息获取的影响因素

农户特征尤其是知识结构的层次不同,农户获得的信息层次也不同(陈东玉,1995),信息传播的每个阶段(信息源、信息栈、信息接收者)都会对农户的信息获取产生影响(马费成,2002),农户群体信息获取中,信息失真是信息栈阶段影响信息获取的主要原因(曾桢,2012),包括技术或通道障碍导致信息失真,社会因素及信息栈过多导致了农户获取的信息失真或者其他问题(谭英,2008)。蔬菜种植户对零售商的信任程度也决定了菜农是否会从零售商那里获取信息,菜农对不同种类的零售商的信任程度不同,对从中获取到的信息的信任程度也不同。菜农对与其合作的成员表现出相当高的信任度,因而菜农对合作成员的信任程度一般会高于不是一个合作群体中的农户或者信任度低的零售商,对于主要靠零售商获取信息的菜农来说,菜农的农药使用行为是零售商信息提供策略和农户信任的共同结果。

(3)信息对农药使用量的影响

当菜农被提供准确的信息时,最低的农药使用量会发生在农户对信息提供者高度信任的时候,而过度使用农药则会出现任何信息失真或低级别信任的时候。无论是在信息提供的准确度还是信任方面,合作社都有优势,从而导致农药使用的最低(Shuqin Jin,2014)。

(4)提高农户信息获取能力的途径

王建(2010)认为西部农民的信息获取意识较强,传统信息源利用较多,现代信息源利用较少,信息获取途径较少且传统途径占主角，需要从信息服务内容、信息管理方式、信息服务方式和信息服务队伍建设等方面采取措施，以提高农村群体的信息获取能力。张新勤（2011）提出通过提高农户素质、加强农村信息网络建设、加快农业信息资源的网络化和正规化建设、推动农业信息服务社会化等途径提升农户信息获取能力。另外学者也一致认同，加强农户的培训是提高农户信息获取能力的有效途径之一。

（5）国外农户信息获取情况

Damalas（2006）对希腊的西红柿种植户调研发现，72％的种植户认为农药标签上的信息很难读，94％的种植户认为大多数农药标签的信息很难理解，超过一半的农户（63％）表示经常阅读标签中的内容，其中只占很小的份额（6％）表示他们能理解整个标签信息。在从来没有阅读标签的种植户中，超过一半（53％）表示是因为他们不了解标签包含的信息，而35％的声称他们不阅读标签上的农药信息是因为标签上所标明的信息属于他们已经知道的信息。信息来源渠道方面，大多数种植户（57％）表示如何决定使用一种农药产品主要依靠农药销售人员的信息，而将近1/3（32％）声称他们依靠自己的经验，只有少数种植户（6％）表示他们主要依靠农药产品标签上的信息。Waichman（2007）对巴西农户对农药处理的理解水平以及对显示在农药产品标签上的信息理解能力做了研究，发现显示在产品标签上的信息并没有有效地促进保护和安全措施。在许多情况下，无法理解所显示的信息导致了农药使用行为的不规范性，增加了对人类健康和环境污染的风险。Arshad（2009）在巴基斯坦的研究发现，尽管农户很容易被农药公司的广告所说服，但农户仍然严重依赖传统的防治方法比如化学物质来控制病虫害。Al-Zaidi（2011）对沙特阿拉伯的蔬菜种植户研究发现，虽然农户获取信息的渠道基本不依靠农业推广，但他们却能从其他渠道获得可靠的信息。

Jatto（2012）在夸拉州的研究发现，农药产品标签上显示的信息对农户来说是无效的，农户不读农药上面的标签，而是从他们的同事间获取信息，农户不从农药标签上获取信息的原因是主要是由于标签上的语言过于技术化，且一般都用外文说明。Hasing（2012）分析了标签信息对美国农户除草剂选择的影响，农药标签上显示的有关人类健康和环境信息是种植户除草剂选择的重要组成部分。

2.2　菜农对农药的认知

（1）菜农对农药相关知识的认知程度

不同地区的农户对农药残留等问题的认知水平与所在地区的经济发展水平的层次相一致（侯博，2012）。杨普云（2007）对云南小规模菜农调查研究发现，所有农户均认为施用农药是防治蔬菜病虫害最常用的措施，而且惯于过高估计病虫害的危害损失，往往为规避生产风险而过度使用化学农药，且不理解农药残留的危害。尹可锁（2009）发现云南省滇池周边蔬菜种植户仅有6.4%的农户能认识所使用农药的有效成分。杨和连（2010）对河南省新乡市的菜农调研发现，菜农对农药的危害性普遍认识不足。郝利等（2008）在山东、黑龙江、陕西、江苏、山西和福建省的调查表明，菜农对无公害农产品标志图案了解非常清楚的仅占6.3%，大部分菜农对于标志性图案不是十分清楚。代云云（2012）在山东省等地的研究发现，农户对安全蔬菜生产标准虽然有所了解但认识并不准确。侯博（2012）在江苏省对分散农户的农药残留认知研究发现，农户对安全间隔期的认知比较高，但对农药残留概念、内涵与农药残留影响农产品安全的认知尚不足。黄月香等（2008）对北京市某农产品批发市场菜农进行了调查，菜农已经认识到农药残留对生活会造成一定的影响。因此有学者认为，农户存在过量施药行为的原因，很大程度上是因为他们所掌握的相关知识欠缺所导致，并非故意为之（张宗毅，2011）。

（2）农户对农药相关知识认知差异的原因

经济相对落后地区的种植户对农药相关知识的认知较经济相对发达地区的种植户的认知有明显差异。受经济水平等因素的限制，发展中国家农户对农药相关知识的认知也显得相对欠缺，Al-Zaidi（2011）在沙特阿拉伯的调研发现，农户对了解农药对环境的负面影响虽有积极的态度，但是具体的认知却不是十分清楚。Waichman（2002）研究也发现，由于昆虫、真菌等出现抗药性，强迫亚马逊的农户开始越来越趋向于大剂量使用农药，忽视了农药对人类健康和环境的风险。Waichman（2007）研究表明，巴西作为世界第四大农药消费国，法律规定具体农业杀虫剂的使用标准，然而在一些偏远地区几乎不按照这一规定执行，部分农户使用违禁农药比如甲基对硫磷。而在发达国家，菜农一般对农药的相关法规了解比较清楚。Matthews（2008）对26个国家8 500农户的调研发现，绝大多数的用户都意识到施用农药时个人保护的必要性和避免曝光的简单措施。Hasing（2012）在美国的调研发现，种植户对农药标签上显示的有关人类健康和环境信息认知相对比较清楚，并是其农药选择的重要依据。

菜农对农药法规的认知情况与教育水平和监管力度有很大关系：Waichman（2007）对亚马逊的农户调研表明，鉴于有限的读写能力，农户对农药的认知有限，显示在产品标签上的信息并没有有效地促进保护和安全措施，大部分农户把农药随便放在他们的房子的地上，把空包丢弃在森林里。Gaber（2012）在埃及的调研发现，学校教育与知识水平和农户的农药使用行为水平相关，接受学校教育的农户对农药对健康的负面影响和农药污染的途径有更多的了解；Jatto（2012）在夸拉州伊洛林大都市的调研发现，农户文化水平较高，在使用杀虫剂方面有广泛的经验，大多数农户知道二氯二苯三氯乙烷属于禁用农药；Bon（2014）对非洲撒哈拉以南地区的调研发现，农户对蔬菜害虫管理处于一个模糊的监管框架，农药越来越多地以一种不可持续的方式使用，过量使用农药以及农药毒性问题引起消费者的批评，农户对农药应用导致的人类健康和环境的风险知之甚少。

除区域经济水平、教育水平等因素外，种植户对农药知识认知水平差异化还与农户特征等因素有关：吴林海等（2011）发现，除家庭特征对分散农户农药残留认知的影响难以测度外，地域的差异性以及农药施用者的性别、年龄、受教育年限、外部培训、对粮食安全性的认识均不同程度地影响其对农药残留认知；侯博（2010）发现农户的受教育年限对其农药残留的认知具有基础性、普遍性的显著影响，外部农药培训影响农户农药残留的认知，不同地区的农户对农药残留的认知水平上表现出较大的差异性，并与经济发展水平的层次相对称；王志刚等（2012a，2012b）研究表明，农户的学历层次、农产品国内销售和出口比例、农户对国内外农产品市场的评价及是否接受农药残留检测等是影响菜农对食品安全规制认知的显著因素，对农户的高毒农药认知水平影响较大的是性别、受教育程度、是否参加过安全使用培训以及地理因素。另外，居住地到中心城市的距离是影响农户对无公害农药认知的重要因素（赵建欣，2007）。

（3）农户对农药法律、规章制度和管理方面的认知

目前我国农药相关法律法规与其他法律法规存在抵触现象或者扯皮现象，管理制度不健全特别是农药生产经营台账制度、经营销售许可制度、行政管理可追溯制度、高毒农药使用许可制度等需要进一步完善（张宗毅，2011）。正因为此，从种植户对农药法律、规章制度和管理方面的认知来看，种植户对国家法律法规的认知情况不容乐观。郝利等（2008）在山东、黑龙江、陕西、江苏、山西和福建省的研究表明，菜农对农产品质量安全法内容了解非常清楚的仅占 3.0%，其余大部分对农产品质量安全法认知不清或根本不关心；王志刚等（2012）对北京海淀、山东寿光、黑龙江庆安三地农户调研发现，菜农对绿色农药的认知水平普遍较高，但对我国颁布的《质量安全法》《农药残留限量标准》和《农药安全使用规定》三部法规的了解程度相差很大，甚至北京海淀地区的被调查农户对三部法规均未有了解。

2.3 菜农使用农药行为

（1）菜农使用农药行为存在的问题

在中国，菜农对如何选择农药及使用农药行为方面存在较多的问题，具体表现在菜农施药前是否阅读说明书，施药中配兑比例不规范、过量使用、使用违禁农药、是否有防护措施以及施药操作不规范等，施药后农药包装容器及剩余农药如何处理，农药使用知识、态度、行为特征等方面存在问题（虞轶俊，2007；李明川，2008；阳检，2010；孔霞 2012；白志刚，2012；吴耀，2013；赵丽，2013；朱春雨，2013）。在其他发展中国家，也同样存在农药使用行为不规范的类似问题，Waichman（2002）研究发现，由于昆虫、真菌等出现抗药性，强迫亚马逊的农户开始越来越趋向于大剂量使用农药。Damalas（2008）对希腊北部皮埃里亚农户处置农药废弃物常见做法的研究发现，大多数农户通常将剩余的农药重新喷涂在同一作物上，或喷施到另一种作物上，4.3%的少数农户经常将剩余的喷雾溶液倒进灌溉渠道，45.7%的农户表示他们会将清洗设备产生的溶液倒在非耕地土地里，或者倒进灌溉渠道，超过 30%的农户表示会将农药容器扔进灌溉渠道、河流或者露天焚烧，只有 11.1%的农户表示会将农药废弃容器放在规定的地方。

一般认为，过量使用农药是菜农为确保农药效果而采取的一个常用做法，杨和连（2010）对新乡的菜农调研结果表明，超过44％的菜农盲目地农药用量。但有些学者提出了不认同的看法，张宗毅（2011）认为，以往的研究结果表明农户存在农药边际净收益小于零的过量施药情况，但如果在考虑到每个农户施药效率差异的情况下，就会发现农户是理性的，其生产状态处于他所处的技术水平下的生产前沿面，大部分农户农药边际产品净收益接近于零，农药要素投入在他所处的技术水平下是接近最优的；周曙东（2013）通过比较考虑施药效率模型和不考虑施药效率模型发现，不考虑施药效率的模型有低估农药边际产品净收益的倾向，从而错误地将部分样本判断为过量施药；陈明亮（2008）认为，有害生物的密度程度是最佳化学农药防治时期和使用量的决策依据，人们能够忍受的因有害生物危害引起的作物损失、防治代价如何才能抵得上因有害生物危害引起的作物损失等都存在一定的阈值，不能想当然地认为是过量施用还是没有过量施用。

（2）菜农使用农药行为差异的影响因素

仅仅就农药使用行为而言，蔬菜的种植种类、种植面积和组织形式等不相同的情况下，菜农的农药使用行为是不同的：朱丽莉（2006）研究表明无公害与普通农产品生产中农户对农药的使用行为存在明显差异；朱音（2010）发现种植面积不同的农户间农药施用行为的也有差异；王志刚（2012）对"基地供公司，公司带农户"的大农场生产＋合作社经营、"公司加基地带农户"的农场化经营和"社区支持农业"的生态农业经营三种不同的农业发展模式进行比较发现，这些组织形式中的菜农使用农药行为有相同之处也存在差异；Zhou Jiehong（2015）对浙江省农民专业合作社、农业企业和家庭农场三种治理结构的食品安全控制行为进行比较发现，大多数公司有农药残留检测和产品认证行为，但很少有公司有生产记录行为，农业企业采取的食品安全控制措施多于家庭农场，农民专业合作社采用的安全控制措施最少。

菜农使用某种（类）农药行为方面也存在差异，如蔬菜种植户在农药安全施用行为和农药普通施用行为之间存在差异，菜农使用无公害和绿色农药、使用环保农药行为方面也明显存在差异（张云华，2004；陈雨生，2009；樊孝凤，2010；阳检，2010；庄龙玉，2011；王志刚，2011，2012；吕贵兴，2012；魏欣，2012；储成兵，2013；张伟，2013）。

就影响菜农使用农药行为的显著因素而言，农户特征（李红梅，2007；傅新红，2010；瞿逸舟，2013；童霞，2011），农药施药者经济与社会特征（吴林海等，2011），蔬菜种植特征如蔬菜种植面积、经营类型、新技术采纳的频次、种植经验以及对农药污染的关注程度等（贾雪莉等，2011），农业产业化程度（孙新章，2010），无公害农产品认证制度（李光泗，2007），绿色壁垒（黎昌贵，2010）和农业保险（钟甫宁，2006）等因素对菜农使用农药行为都有显著影响，并对农户的蔬菜质量控制行为和农药残留意愿产生影响（Ramaswami，1993；Mitchell ，2004；Vukina，2005；周洁红，2006；周峰，2008；张星联，2013）。就国内的研究文献看，也大多集中在各个因素对农药使用行为的影响程度，比如农药施药者经济与社会特征对施用行为的影响（吴林海，2011），农户特征与农药施用行为的相关性（童霞，2011；瞿逸舟，2013），农业产业化对农户环保行为的影响（孙新章，2010），农产品的商品化程度、农户参加技术培训情况、农药经销商服务等因素影响农户使用无公害农药和绿色农药的程度（杨小山，2011），蔬菜种植面积、经营类型、新技术采纳的频次、种植经验、对农药污染的关注程度等对农户施药行为的影响（贾雪莉，2011），无公害农产品认证制度对农户使用农药行为的影响（李光泗，2007a，2007b），绿色壁垒对农户农药使用行为影响（黎昌贵，2010）和农业保险对农户农药使用行为影

（钟甫宁，2006）等。

（3）心理变量对菜农使用农药行为的影响

一些学者开始关注心理变量对农药使用行为的影响：周洁红（2005，2006）对浙江省的蔬菜种植户调研发现，蔬菜种植农户的质量安全行为受其行为态度、目标和认知行为控制的影响；赵建欣（2009）对河北省和山东省的菜农调研发现，供给目标、行为态度、主观规范和控制认知显著影响菜农的安全蔬菜供给决策；张莉侠（2009a）发现上海市蔬菜种植户的蔬菜质量安全控制行为受到农户的行为态度、行为目标及认知行为控制的影响，行为态度在三个变量中影响程度最大；程琳（2014）在研究菜农质量安全行为影响因素中，态度、主观规范和知觉行为控制三个中间变量对菜农的质量安全控制行为正向影响显著，行为态度的影响程度最大，主观规范次之，知觉行为控制影响最小；王建华（2014，2015）基于河南、山东、江苏、浙江、黑龙江五省份农户的调查研究发现，知觉行为控制、行为目标、行为态度和主观规范与农户规范施药行为和意愿呈显著正相关，知觉行为控制对其规范施药行为的影响最大，其次为行为态度。

（4）菜农施药行为引发的社会问题

菜农农药使用行为的不规范导致了严重的社会问题，例如对施药者身体健康的影响、对环境（如土壤和水资源等）和农产品质量产生不利影响等（傅泽田，1998；华小梅，1999；Ewa Rembial Kowska，2007；Topp，2007；Ngowi，2007；王志刚，2009；P. C. Abhilash，2009；蔡荣，2010；MA Daam，2010；Quandt，2010；Mejía，2014）。Ngowi（2007）对坦桑尼亚北部的小规模蔬菜种植农户调研发现，农户在种植番茄、卷心菜、洋葱过程中使用多种类型的农药防治病虫害，农药使用量有不断增加的趋势，农户在常规农药应用后会出现感到恶心、皮肤问题和神经系统紊乱（头晕，头痛）等健康问题；Godfred（2008）对加纳库玛西蔬菜中有机磷农药残留污染及健康风险的危害进行了研究，敌敌畏是最常见的残留，马拉硫磷、甲基毒死蜱、乙基毒死蜱和久效磷等严重危害人类身体健康的高毒和剧毒农药普遍存在于番茄、茄子、辣椒等常见蔬菜中，极大地影响了人类的身体健康；P. C. Abhilash（2009）对印度的农药使用规范性进行研究发现，虽然印度的农药平均消耗量远低于许多经济发达国家，但农药残留问题在印度是非常高的。在发展农业的过程中，农药已成为一个提高生产的重要工具，然而施药者接触杀虫剂会导致一系列的人类健康问题，比如免疫抑制、内分泌紊乱、智力下降、生殖异常和癌症，而且农药在几种作物的残留问题还影响了农产品出口；Quandt（2010）的研究表明，随着季节的变化，农场工人接触农药的机会也不断变化，胆碱酯酶水平（用来检测有机磷和氨基甲酸酯类农药在人体中的中毒程度）在7月和8月的平均值显著高于其他季节；Mejía（2014）在巴西的萨尔瓦多的研究发现，农户的慢性肾脏疾病与其农业活动有直接关系，大部分的患者受教育水平低，19%是文盲，55%只有小学教育，且大多数农户已经在危险的农药如氨基甲酸异戊酯中暴露超过10年，100%的受访者在施用农药时没有使用适当的个人防护用品；Ecobichon（2001）对赤道附近的发展中国家研究发现，为了实现能够消灭昆虫、防止流行疾病的传播、确保生产足够的食物、保护种植园和获得急需的国际贸易信贷这些目标，这些国家已经增加了对化学农药的依赖，过量使用和滥用农药已经成为一个普遍问题，一些非专利、更有毒、环境持久性强和廉价的化学品被广泛应用，造成了严重的急性健康问题和当地的环境污染，这些地方农药残留污染的程度以及含有农药残留的生鲜农产品对消费者造成的潜在或长期的不良健康影响难以估计。

　　但也有学者对我国蔬菜中的农药残留问题发出了不同的声音。Chen Chen（2011）对中国厦门的小白菜、豆类和芥菜几种商品的农药检测发现，1 135 个样本中有 37.7％的样本含有残留农药，17.2％的样品超过最常见农药残留检测的最大限量，其中最关键的商品是豆类，农药残留发生率较高的水果和蔬菜中却并非是最严重的商品。

(5) 保障蔬菜质量安全的应对措施

针对上述问题，学者从多角度提出了解决对策。有些学者认为保障农产品质量安全必须加强对农产品供应链生产加工源头环节的控制，农产品生产加工环节是农产品供应链质量安全控制的关键点，如汪普庆（2009）认为，供应链的一体化程度越高，政府对农产品质量安全的监管越有效，农户提供的农产品质量安全水平越可能有保障；有些学者主张通过立法和制定安全标准等农产品质量控制规则来规范农产品生产、加工及销售行为，如费威（2013）认为我国农产品质量安全中存在政府质量安全规制悖论现象，应该从消费者、市场以及农户三方面制定约束政策从而达到保障农产品质量安全的目的；王二朋（2011）指出要实现农产品质量安全，政府的一些强制性措施是必要的，政府应该通过法律标准体系来保障农产品安全；王永强（2011）认为应该从事前控制、事中控制、事后控制三个层次对我国的农药使用制度进行完善；徐晓新（2005）提出通过完善食品安全标准、建立食品安全管理机构、发挥中介组织作用、促进消费者参与等措施来保障农产品质量安全；杨丽杰（2011）则认为，对农产品质量安全监管效果影响较大的因素主要有产品认证、政府重视程度、基层监管执法、质检体系建设、财政投入和法规建设。有些学者认为培训和教育对保障农产品质量安全具有重要作用，如 Jensen（2011）对柬埔寨金边地区的调研发现，大多数农户（88％）出现过急性农药中毒症状，受过较高教育的农户降低了中毒风险的概率；ĖJørs（2014）在玻利维亚的研究发现，通过农户田间学校（FFS）对农户进行有害生物综合治理（IPM）培训后，较未接受培训前在对农药的处理和农药的替代品选择上有显著差异。

2.4　文献述评

通过上面的文献综述可知，学者在信息获取、菜农的认知和菜农使用农药行为方面从多角度进行了研究，为本研究提供了必备的前期研究基础，但仍然存在以下三方面的不足：第一，从农药使用行为方面的研究看，对菜农使用农药行为转变视角进行的研究不够深入；第二，虽然已经有学者开始重视心理变量对农药使用行为的影响，但是把影响心理变量的因素、心理变量和菜农农药使用行为一起考虑的研究有待深入；第三，从研究范式上看，对农药使用行为的研究范式基本按照传统经济学的思路，从行为经济学范式对菜农农药使用行为进行研究有待深入。

本研究拟从以下方面进行改进：第一，按照行为经济学的研究范式，从信息意识、信息需求、信息认知、信息获取、信息使用和信息渠道等几个视角对菜农信息能力进行研究，找到影响菜农心理变量变化的显著因素，并对信息能力、锚定调整和行为转变这三者之间的作用机理做相应探讨。第二，计量方法上，主要采用结构方程模型将信息、心理和行为转变之间相互作用机理进行实证检验，将三方面结合起来进行综合考察。

第三章 菜农使用农药行为转变的理论分析

从苏联经济学家 Chayanov 有条件的均衡模型到 Schultz 的利润最大化模型，再到 Barnum & Squire 既包含生产者又包含消费者的完整农户模型，再到后来众多学者对农户模型的进一步发展，学者对农户模型做了研究，但都可以表述为农户行为是在既定约束条件下追求的决策最优化，或者是既定行为目标下的约束条件最小化。就菜农使用农药行为转变而言，一方面作为蔬菜生产者追求利润最大化，另一方面转变农药使用行为具有不确定性，行为转变后的结果既影响了菜农的收入同时也影响了菜农的效用。基于此，本章先从利润最大化前提下分析菜农使用农药行为转变的动机，再从效用最大化前提下对其行为转变做进一步解释，最后结合信息科学理论、心理学理论和行为经济学理论对菜农使用农药行为转变的机理进行分析。

3.1 菜农使用农药行为转变的动机

（1）菜农使用农药行为转变的动机，可能是对已有行为结果信息的归因：根据 Weiner（2000）提出的归因理论，菜农以前农药使用行为改变成败的归因影响到菜农对未来行为改变的期望和情感反应，如期望未来的产量及抗性提高等（李争，2009），这种归因又促进了菜农的后继农药使用行为转变，成为以后行为转变的动因，即菜农前期行为转变结果的归因→菜农的情感反应和对行为改变结果的预期→后继行为。对于长期从事农业生产的菜农来说，假如菜农有过农药使用行为的转变经验，基于利润最大化原则（蔬菜价格不变的情况下为产量最大化），菜农对过去行为转变成败归因的认知影响了菜农使用农药行为新的改变的情感和预期心理，进一步地影响了菜农的行为改变。

（2）菜农使用农药行为的转变，可能是在农业生产实践中基于某种需要而做出的主动改变，也可能是由于受某种约束而做出的被动改变，即菜农使用农药行为的转变可能是基于菜农内心一种基本的心理需要（Basic psychological need）或者是社会环境因素对内在动机产生了影响，不管是主动改变还是被动改变，都是基于利润最大化或者产量最大化的前提。根据认知评价理论（Cognitive Evaluation Theory，CET），外部环境对菜农行为转变内在动机的影响是通过菜农的知觉引起，满足菜农自主需要的外部环境（信息）能促进菜农行为转变的内在动机，菜农在体验到农药使用行为转变带来成就或效能的同时，还必须感觉到自己的农药使用行为转变是由自我决定的，否则菜农在农业生产过程中受到外部的约束，比如威胁、指令、压力性评价和强制性法律法规等会对菜农的农药使用行为转变动机产生削弱作用（刘海燕，2003），这可以解释为什么外部规制对菜农的锚定心理不能起到有效调节作用进而不能约束菜农使用农药行为。菜农只有在感情上认可和自我决定的知觉下才可能会增强使用农药行为转变的内在动机。

（3）根据期望价值理论，菜农使用农药行为的转变取决于菜农觉察到行为转变成功的可能性和由此带来的主观价值。阿特金森的期望价值理论指出，个体的成就行为取决于成就驱力、成功预期以及诱因价值两个因素，如果成就动机为正，则成为个体行为的动力，否则可能成为行为发生的阻力。根据Vroom 的期望价值理论，如果菜农认为达到目标的可能性和价值越大，那么动机强度也就越大，缺少任何一个因素都不会产生行为；高扬（2016）研究发现，绩效期望、努力期望、促进因素对农户有机农业采纳时机具有显著影响。根据 Eccles 等人提出的现代期望价值理论，期望与价值被认为是受到特定任务信念的影响，如能力知觉、不同任务难度知觉、个人目标与自我图式，经由情感记忆及对先前成就结果的解释，以上这些社会认知变量，反过来又会受到被个人知觉到的他人对自己态度与期望的影响（姜立利，2003）。菜农对获取到的信息，如果评估后认为能够对自己的农药使用行为结果有利，如带来更多的收益或者效应，则会对自己已有的心理认知产生影响，进而影响到自己的农药使用行为。根据自我效能动机理论，自我效能也是菜农使用农药行为转变能够达到某种目的的信念，因此，从这一点上来说，菜农使用农药行为转变动机是与菜农的锚定心理（态度和信念）相互融合一起的（陈渝，2009），如果没有内在信息或者获取外部信息，菜农的锚定心理很难改变，因而也无法改变菜农的农药使用行为。

3.2 菜农使用农药行为转变的经济学解释

对于单个菜农来说，轻易改变既定的农药使用行为容易给蔬菜的种植和经营带来风险，例如菜农放弃使用剧毒农药采用新的可持续农业技术作为病虫害防治措施，这种行为产生的后果对菜农来说具有不确定性（如病虫害防治效果、产量和收益等），因此菜农使用农药行为的转变可以看作是一个简化的赌局 g，对于属于赌局 g 内的偏好关系 $\succ$ 满足完备性、传递性、连续性、单调性、替代性，则会存在一个代表关于 g 偏好关系 f 的冯·诺伊曼-莫根特效用函数 $u:g \rightarrow R$，使得 u 具有性质 $u(g) = \sum\limits_{i=1}^{n} p_i u(a_i)$。其中，$p_i$ 是菜农使用农药行为转变（例如采用新型防治措施）后可能出现的各种结果的概率，a_i 是赌局中的结果。在非负收入水平上，菜农对蔬菜种植中的病虫害防治进行投入。设 $u(\bullet)$ 是菜农的一个 VNM 效用函数，对于简单的赌局 $g = (p_{10}\omega_1, p_{20}\omega_2, \cdots, p_{n0}\omega_n)$，如果菜农对于赌局 g 是风险规避的，则 $u[E(g)] = u(\sum\limits_{i=1}^{n} p_i a_i) > u(g)$。

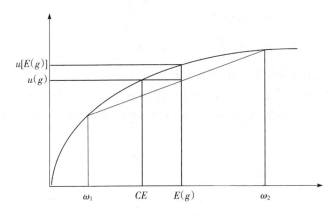

图 3-1　菜农的风险规避态度

图 3-1 中，纵轴表示菜农获得的效用，横轴表示收入，具有风险规避态度的菜农偏爱具有确定性的 $E(g)$ 甚于赌局本身。CE 是可以确定性提供的一定数量的收入，为赌局 g 的确定性等价物（certainty equivalent），它使得菜农对于接受确定的收入与面临赌局 g 之间无差异。

由于 VNM 效用函数对于正映射转换唯一，这意味着对于任何既定的偏好可获得任何规模的二阶导数。以二阶导数 $u''(\bullet)$ 作为一个基本测度引入阿罗-帕拉特（K. Arrow-Parrtt）风险规避测度：$R_a(\omega) \equiv -\dfrac{u''(\omega)}{u'(\omega)}$。测度符号显示菜农对待风险的态度：$R_a(\omega)$ 为正、负或等于零时，菜农对待风险的态度分别是风险规避、风险偏爱或风险中性，且效用函数正的单调转换使测度不变。阿罗（K. Arrow）依照 $R_a(\omega)$ 如何随着收入水平的变动提出 VNM 效用函数的分类，在收入区间内，随收入水平的增加而不变、递减或增加，称此 VNM 效用函数为风险规避不变型、风险规避递减型和风险规避递增型。

假设有菜农 I 和菜农 II，分别具有 VNM 效用函数 $u(\omega)$ 和 $v(\omega)$，ω 代表非负的财富水平。则菜农 I 和菜农 II 的阿罗-帕拉特风险规避测度值分别为：

$$R_a^1 \equiv -\frac{u''(\omega)}{u'(\omega)} \quad \omega \geqslant 0 ; R_a^2 \equiv -\frac{v''(\omega)}{v'(\omega)} \quad \omega \geqslant 0$$

根据现实情况，$v(\omega)$ 必为非负实值函数，$v(\omega)$ 可取 $[0 \ \infty)$ 区间的值，因此定义 $h:[0,\infty) \rightarrow R$ 如下：$h(x) = u(v^{-1}(x))$，其中 $x \geqslant 0$。$h(x)$ 同样具有 $v(\omega)$ 和 $u(\omega)$ 的二阶可微性，对于 $x \geqslant 0$ 有：

$$h'(x) = \frac{u'[v^{-1}(x)]}{v'[v^{-1}(x)]} > 0 \tag{3-1}$$

$$h''(x) = \frac{u'[v^{-1}(x)]\left\{\dfrac{u''[v^{-1}(x)]}{u'[v^{-1}(x)]} - \dfrac{v''[v^{-1}(x)]}{v'[v^{-1}(x)]}\right\}}{\{v'[v^{-1}(x)]^2\}} \tag{3-2}$$

由于 $u'(\omega)$ 和 $v'(\omega)$ 大于零，不等式（3-1）成立，对于式（3-2），分母恒为正，而分子可以简化成 $u'[v(x)](R_a^1 - R_a^2)$，因而菜农 I 和菜农 II 风险规避程度不同决定了该式的取值符号。我们假设菜农 I 的风险规避程度大于菜农 II 的风险规避程度，即 $R_a^1 > R_a^2$，则式（3-2）大于零。根据式（3-1）和式（3-2）得到 $h(x)$ 是严格递增的凹函数。根据杰森（Jensen）不等式得到：

$$u(\bar{\omega}_1) = \sum_{i=1}^{n} p_i h[v(\omega_i)] < h\left[\sum_{i=1}^{n} p_i v(\omega_i)\right] = h[v(\bar{\omega}_2)] = u(\bar{\omega}_2)$$

由于 $u(\omega)$ 是严格递增的函数，可以得到：$\bar{\omega}_1 < \bar{\omega}_2$。这表明，对于菜农 I 和菜农 II 来说，面对同一种新型防治措施，如果菜农 I 的风险规避测度大于菜农 II 的风险规避测度，则菜农 I 的确定性等价物会低于菜农 II，也就是说，如果菜农 I 和菜农 II 具有相同的原始收入，菜农 II（具有较低的全域性阿罗-帕拉特测度值的菜农）将会采用菜农 I（具有较高的全域性阿罗-帕拉特测度值的菜农）愿意采用的任何防治措施。

农户使用农药行为是一个学习进化过程（浦徐进，2011），以单个菜农 I 作为研究对象，与其他菜农 II（II＝1，2，3）以口字形为基本居住布局或耕种布局单位，各个菜农位于四角，以 X 表示菜农 II 中行为改变的菜农，周边的菜农行为对菜农 I 的影响：

菜农 I 行为改变 U_{Ic} 与不改变 U_{In} 的期望收益分别为：$U_{Ic} = aX + c\ (3-X)$，$U_{In} = eX + g\ (3-X)$，菜农 I 行为改变的条件为：

$$X > \frac{3(g-c)}{g-c+a-e}$$

以 st（$t=0$，1，2，$\cdots$，e）表示菜农 I 在初期 0 直至末期 e 的策略，且 $st=(P, N)$，P 表示行为改变，N 表示行为不改变，菜农 I 策略的演化过程为：

当 $\dfrac{3(g-c)}{g-c+a-e} \in (0, 1)$ 时，

$$s_0 = P,\quad s_t = \begin{cases} P_0 \rightarrow N_1 \rightarrow P_e\ (X=0) \\ P_0 \rightarrow P_e\ (X=1, 2, 3) \end{cases}$$

$$s_0 = N,\quad s_t = \begin{cases} N_0 \rightarrow N_e\ (X=0) \\ N_0 \rightarrow P_1 \rightarrow P_e\ (X=1) \\ N_0 \rightarrow P_e\ (X=2, 3) \end{cases}$$

当 $\dfrac{3(g-c)}{g-c+a-e} \in [1, 2)$ 时，

$$s_0 = P, \quad s_t = \begin{cases} P_0 \rightarrow N_e & (X=0) \\ P_0 \rightarrow N_1 \rightarrow P_2 \rightarrow N_3 \rightarrow \cdots & (X=1) \\ P_0 \rightarrow P_e & (X=2, 3) \end{cases}$$

$$s_0 = N, \quad s_t = \begin{cases} N_0 \rightarrow N_e & (X=0, 1) \\ N_0 \rightarrow P_1 \rightarrow N_2 \rightarrow P_3 \rightarrow \cdots & (X=2) \\ N_0 \rightarrow P_e & (X=3) \end{cases}$$

当 $\dfrac{3(g-c)}{g-c+a-e} \in [2, 3)$ 时，

$$s_0 = P, \quad s_t = \begin{cases} P_0 \rightarrow N_e & (X=0, 1) \\ P_0 \rightarrow N_1 \rightarrow N_e & (X=2) \\ P_0 \rightarrow P_e & (X=3) \end{cases}$$

$$s_0 = N, \quad s_t = \begin{cases} N_0 \rightarrow N_e & (X=0, 1, 2) \\ N_0 \rightarrow P_e & (X=3) \end{cases}$$

当 $\dfrac{3(g-c)}{g-c+a-e} \in [3, \infty)$ 时，

$$s_0 = P, \quad s_t = P_0 \rightarrow N_e \quad (X=0, 1, 2, 3)$$

$$s_0 = N, \quad s_t = N_0 \rightarrow N_e \quad (X=0, 1, 2, 3)$$

以所有调查菜农作为研究对象，每一特定的菜农皆为大群体的普通一员，菜农间随机配对反复博弈的战略式表述变为一般两人对称博弈，菜农的收益变为：

$u \text{I} \ (S1, S1) = A;$　　　$u \text{II} \ (S1, S1) = A$

$u \text{I} \ (S1, S2) = B;$　　　$u \text{II} \ (S1, S2) = C$

$u \text{I} \ (S2, S1) = C;$　　　$u \text{II} \ (S2, S1) = B$

$u \text{I} \ (S2, S1) = D;$　　　$u \text{II} \ (S2, S2) = D$

以 x 表示行为改变的比例，Uc、Un 和 Ua 分别表示行为改变、不改变和平均收益，则菜农的期望收益和平均期望收益分别为：

$$Uc = Ax + B(1-x), \quad Un = Cx + D(1-x), \quad Ua = Ucx +$$

Un $(1-x)$，其复制动态方程为：$dx/dt = x(Uc - Ua) = x(1-x)[x(A-C) + (1-x)(B-D)]$，给定 A、B、C、D 的数值，dx/dt 为 x 的单元函数。令 $dx/dt = 0$，得出该复制动态方程的稳定状态解为：$x_1 = 0$，$x_2 = 1$，$x_3 = (D-B)/(A-B-C+D)$。根据微分方程的稳定性定理，当 $B < D$ 且 $C < A$ 时，均衡稳定策略为 $x_1 = 0$ 和 $x_2 = 1$，即演化结局为：要么所有菜农不改变，要么所有的菜农全部选择改变策略。当 $B > D$，且 $C > A$ 时，均衡稳定策略为 $x_3 = (D-B)/(A-B-C+D)$，即有 $(D-B)/(A-B-C+D)$ 的菜农选择改变，$(A-C)/(A-B-C+D)$ 的菜农选择不改变。

3.3　信息能力、锚定调整影响菜农使用农药行为转变的作用机理

3.3.1　菜农获取信息机理

根据信息科学原理，菜农信息获取的任务是通过一定的方法把有关农业生产的本体论信息[①]转换为菜农所表述的认识论信息[②]。在这一过程中，人类的感觉器官感受到有关农业生产本体论信息 S 的存在，并转换和表示为语法信息 X，思维器官通过注意与选择功能，对获得的语法信息 X 进行识别。对菜农来说，只选择有限的与其生产和生活有密切关联的语法信息 S 予以关注，并对信息内容和价值因素进行理解，生成相应的语用信息 Z 和语义信息 Y。这一由表及里的信息转换原理可以用图 3 - 2

---

①　本体论信息是指事物本身具有的不以认识主体的存在为转移的现实状态和变化方式，文中用 S 表示。

②　认识论信息是认识主体对事物本体论信息中的外在形式、内在含义和效用价值等诸多性质信息的感知，包括语法信息 X、语用信息 Z 和语义信息 Y。

表示。

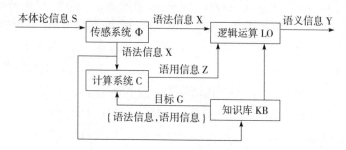

图 3-2　本体论信息到认识论信息转换原理（钟义信，2008）

上述信息转换原理还可以用"输入刺激-输出响应"机制表示。如果输入刺激与输出响应关系满足具有足够的敏感域、敏感度和保真度，那么可以用 u 表示输入刺激，用 v 表示输出响应，U 表示系统的敏感范围，V 表示输出响应的动态范围，这一输入和输出关系可以表示为：

$$R = \{f \mid v = f(u) \quad u = f^{-1}(v) \quad u \in U \quad v \in V\}$$

但大多数情况下，受菜农认知能力的约束，有关农业生产的本体论信息向菜农的认识论信息转换会有一些非本质的信息的丢失，此时这种输入和输出关系可以表示为：

$$R = \{f \mid v = f(u) \quad u = f^{-1}(v) \quad d(u, \acute{u}) < \varepsilon \quad u \in U \quad v \in V\}$$

其中，$d(u, \acute{u})$ 是 u 与 $\acute{u}$ 的差异测度，如果 $d(u, \acute{u})$ 在区间 $(0, \varepsilon]$ 内的输出响应大致能反映出输入刺激的信息全貌，那么 ε 是差异测度 $d(u, \acute{u})$ 容忍的极值。如果 $g = f^{-1}$ 且 $f \cdot f^{-1} = 1$，则 $\acute{u} = u$ 和 $d(u, \acute{u}) = 0$，这时关于菜农的认识论信息与有关农业生产的本体论信息无差异。

3.3.2　信息能力影响菜农锚定调整的作用机理

如果菜农获取的信息足够权威、信息强度足够大，那么势必对菜农的心理产生强烈变化，会产生两个效应：其一，如果这种权威的刺激信息与菜农自我内心认同一致，那么会加深菜农的这种认知，甚至会升华成为菜农内心的一种信念，这成为菜农内心轻易不会改变的内部锚，因而对认知锚定有正向作用对认知调整有负向作用；其二，如果这种权威的刺激信息与菜农的自我认同不一致，那么菜农获取的刺激信息会对其内心认知等产生调整作用，在刺激信息足够权威，强度足够大情况下，刺激信息会取代菜农的内部旧锚成为一种新的内部锚，因而刺激信息对认知锚定有负向作用对认知调整有正向作用。

行为转变中的知信行模式表明，人类行为的转变分为获取知识（信息），产生信念及形成行为三个连续过程，即知识—态度和信念—行为。其中，知（知识和信息）是基础，信（态度和信念）是动力，行（转变行为）是目标。菜农会对知识和获取的信息会进行一定的思考，逐步形成自己的态度和信念，从而支配自己的行为。根据"知—信—行"模式，获取信息会对菜农的态度和信念会产生影响，那么菜农信息能力的提高会对菜农态度和信念的调整起到至关重要的作用。通过对信念和态度的构成分析发现，个体信念和态度的构成相互融合，态度包含认知、情感和行为意向三个成分，而信念同样是认知、情感和意志的有机统一，包含认知维度、判断取向、情感维度、情感—认知—评价混合取向（谢翌，2006）。与态度中认知和情感的关系一样，信念中的认知和情感同样是紧密联系在一起的，认知成分为个体信念提供了相信的对象，同时认知又具有强烈的认同情感，通过情感的驱使对个体的行为产生作用。信念包含的意志成分使得个体的信念具有较强的执著性和稳定性。菜农的信念是在长期的农业生产中逐渐形成的，沉淀了菜农多年的农业生产经验，留下了社会环境和外部因素对菜农的影响痕迹。在蔬菜种植过程中，菜农经过理智上的反复认识和深刻认同，加上情感成分的支持，形成了使用某种农药行为的信念，这是一个长期演化的结果，不会轻易改变，具有执著性，并且进一步导致了其使用农药行为的稳定性。受多种外部影响因素的影响，菜农的信念又具有多样性，不同的农业生产环境和菜农个体差异，使得不同的菜农具有不同的个体信念。即使就某一特定的菜农而言，在使用某一农药行为中也包含了不同方面的信念（如毒性、使用方法和效果等），这些不同方面的信念内在之间相互联系，形成使用某一农药行为的整个信念体系。但信念与态度也存在差异，具体表现在前者较后者相对更具有牵涉少数、概括性、核心性、有影响力、差异小，较不容易改变而且是受原始经验所支配的（杨国枢，2006）。在多数情况下，态度与信念是相互融合、相互作用的，菜农使用农药行为的信念影响其行为态度，态度又能给菜农使用农药行为提供必要的信念。从构成成分的层次上看，信念和态度的构成成分之间并非是相互独立，而是分处于不同的层面，是属于同一个连续函数，认知层面排在最前面，因此菜农的锚定心理发生变化应该首先由认知调整开始。

（1）菜农的认知过程是菜农认知活动的信息加工过程，是菜农对信息的获得、编码、贮存、提取和使用等一系列连续的认知操作阶段组成的、按照一定程序进行信息加工的系统。菜农通过对信息进行编码，外部客体的特征可以转换为具体形象、语义或者命题等形式的信息贮存在大脑内，这些形象、语义或者命题等是外部客体在大脑中的反映，菜农将外部客体以一定的形式表现在大脑中的信息加工过程称之为表征。其作用机理可以图3-3表示。

外界信息如果不能被菜农感知，或者即使感知到却没有被

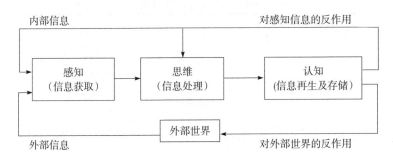

图3-3 菜农认知过程的一般模型（钟义信，1996）

正确地处理，那么这些信息便不能被菜农认知或者正确的认知，因而无法深度地影响菜农的原有认知信息。根据菜农认知过程的一般模型，已经形成的认知对信息获取和信息处理有反作用，假如菜农没有形成正确的认知，那么可能导致菜农无法对对感知的信息进行正确的编码，进一步恶化其对信息的认知。譬如菜农一旦形成对某一信息的抵触认知，一旦感知到与之类似的外部信息，通过既有认知对新信息处理的影响，会进一步加深菜农对感知到的外部新信息的抵触，甚至在既有认知的影响下，菜农会对已有信息"不感知"，即"听而不闻、视而不见"。

（2）根据认知心理学理论，菜农认知过程受认知风格或认知方式的影响。个体菜农对特定的信息加工方式具有特定的偏好，但是个体菜农常常认知不到这种偏好。在获取信息时，有人喜欢从外部环境中寻找，容易受外部信息的影响，有人却不容易受外界环境的影响，喜欢从认知目标本身中探索。Riding等人把已有的30多种认知风格类型理论归结为"整体-分析"和"言语-表象"两个维度，将各种认知风格进行了分类（杨治良，2001），各种认知风格描述如表3-1所示。其中，前9中属于"整体-分析"维度，后两种属于"言语-表象"维度。

表 3-1 认知风格分类

认知风格	描述	提出者
场依存-场独立	个体是否对整个场具有依赖性	Witkin，Asch（1948）；Witkin（1964）
齐平化-尖锐化	迅速同化还是强调细节变化	Klein（1954）；Gardner（1959）
冲动-思虑	迅速反应还是深思后反应	Kagan（1964）；Kagan（1966）
聚合-发散	解决问题是集中、逻辑及归纳还是开放、联想	Guilford（1967）；Hudson（1966，1968）
整体-序列	全局整体还是序列细节的解决问题方式	Pask，Scott（1972）；Pask（1976）
具体有序/具体随机或抽象有序/抽象随机	通过随机或序列方式还是具体或抽象经验学习	Greg orc（1982）
同化者-探索者	偏好寻求熟悉性还是新异性解决问题	Kaufmann（1989）
适应-变革	按照传统有序范式还是重新构建新方式	Kirton（1976，1987）
推理-直觉 活跃-沉思	主动参与还是被动反应进行理解问题	Allinson，Hayes（1996）
抽象化-具体化	抽象化的偏好水平和能力	Harvey（1961）
言语化-视觉化	按照表征知识和思维过程使用言语或表象策略的程度	Paivio（1971）；Riding，Taylor（1976）；Richardson（1977）

由于每位菜农的认知风格不同，因而对于同样的外部信息，比如对同样的法律法规，每个菜农的认知程度也不一样，以冲动-思虑类型的认知风格为例，面对新的法律法规如国家规定某种农药禁止用于农业生产中，有的菜农或许会迅速做出反应，迅速地转变认知，进而迅速地转变农药使用行为，而有的菜农或许

会深思权衡违规成本和收益得失，依然使用违禁农药。

（3）菜农的认知过程也与菜农的认知策略有关。Fiskehe 和 Taylor 认为，人类是认知的吝啬鬼，总是尽可能地节省认知能量（金雪军，2009）；王晓明（2011）研究发现，信息的详尽程度不同影响了人们的认知策略；A. Tversky 和诺贝尔经济学奖获得者 D Kahneman（1974）研究发现，人们对于新事物的认知主要是采取启发式认知。在农业生产中，如果政府向菜农推广一种新型的病虫害防治措施如生物农药，以避免使用传统农药引起的农药残留问题，根据启发式认知理论，菜农对生物农药的认知是启发于以前使用农药的认知经验，即以前使用农药的认知经验是菜农形成对生物农药认知的参照系。菜农对于生物农药的认知是采用启发式把生物农药与以前使用的农药归为同类或类似，这种认知方式有利于让菜农快速地对新型农药有所认知，但同时也会产生认识上的误差（颜小灵，2009），菜农把以前使用过农药的认知信息作为初始信息不可避免地会对菜农产生锚定效应（李美，2012；张钢，2012）。每一位特定的菜农一般都会有既定的认知风格和认知策略，菜农个体的差异决定了虽然菜农面对的是相同的外部约束环境，但是不同的菜农获取到的信息却不尽相同，这种不同包括信息量的差异，还有语用信息和语法信息的不同，即信息能否被正确的认知而不是曲解。正因为有此，国家出台法律法规禁止使用某种剧毒农药，本是为了保证农产品的质量安全，但这种信息传达到菜农心理中的除了"充耳不闻"的差异外，或许还有故意刁难菜农生产的曲解，因此对菜农使用农药行为转变的作用也因人而异。因此，国家的法律法规等外部约束如果能够对菜农的农药使用行为产生作用，首先是这一约束信息能够被菜农充分且正确的获取，其次能够对菜农的心理产生足够的作用。

如果菜农采用启发式的认知策略，也会使得菜农的认知会发生启发式偏差，尤其是易得性启发式更容易影响菜农的认知加工过程（李爱梅，2011）。这种偏差主要表现在以下三方面（王重鸣，1988；李存金，2004；童娴，2012）：

一是代表性偏差。当政府为解决农产品质量安全问题而推广一种新的病虫害防治措施时（比如生物农药），菜农对这种新型防治措施的认知判断是借鉴于以前使用防治措施的经验，如果政府推广生物农药，菜农对生物农药的认知判断是借鉴了以前使用农药的经验认知，或者以前使用过生物农药的认知经验，这种新的防治措施与以前使用过的防治措施从表象上越类似，那么以前使用过的防治措施越可能会成为菜农对新型防治措施认知的代表，菜农对同类代表性防治措施认知的借鉴，很可能会导致菜农对新型防治措施认知上的偏差，使得菜农对新型防治措施不能正确的认知。

二是可得性偏差。菜农对新型防治措施的判断，往往会依赖于最先想到的经验和信息，这一认知方式是基于认知成本的最小化。一般情况下，这种认知策略使得菜农能在更短的时间内对新型防治措施认知清楚，提高了菜农的认知效率，但问题的关键在于可得性信息并不能完全或者正确的地为寻求规律或者概率分布提供必要的样本数据，这又可能导致菜农的认知偏差。由于这些信息通常是过去经常发生的或者近期发生的经验，如果是近期发生的经验可能是不寻常事件，经常发生的事件也可能是不重要的，或者对于对新型防治措施的认知判断是不够的，容易导致以偏概全，自然也会导致菜农对新型防治措施判断上的偏差。

三是锚定效应。锚定效应对菜农的认知和决策产生重要影响（李斌，2011），菜农对新型农药的认知是以过去的认知经验为认知参照系，既定参照系的特征会对菜农对新型防治措施的认知锚定于某一水平上，菜农可能在锚定水平的基础上有所调整，但是由于初始锚定值的存在使得菜农对新型防治措施的认知调整很难有足够大的调整，即初始锚定值对菜农在新型农药上的洞悉产生错觉有重要影响（华元杰，2011；彭春花，2011），一旦菜农对新型防治措施的认知调整不充分，则必然导致对新型防治措施认知的偏差。一旦菜农对新型防治措施的认知存在偏差，那么对于同样的信息，对不同菜农的心理影响方向和程度也不一样，那么对菜农使用农药行为的影响也不一样。

一旦菜农的信息能力水平提高，对菜农认知的调整冲击也会加大，菜农可以根据获取到的信息对自己的锚定心理进行调整，菜农的锚定调整过程可以用 Joseph P. Simmons（2005）的锚定调整模型图 3‐4 来所示。

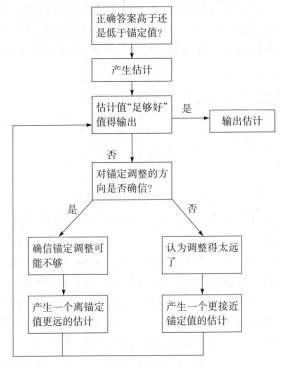

图 3‐4　锚定调整模型（Joseph P. Simmons，2005）

3.3.3　菜农锚定调整影响行为改变的作用机理

Fishbein 和 Ajzen（1975）提出的理性行为理论从信息加工的角度、以期望价值理论为出发点，解释了个体行为发生的一般过程。理性行为理论表明，行为意向决定行为，行为态度和主观规范因素决定行为意向，个体对执行某种行为的态度和主观规范，决定于他对行为所有结果及其属性进行评估后获得的系列行为信念，对结果及其属性的评估直接影响了每一个信念的强度。因此，理性行为理论可以表达为 $B \sim I = \omega_1 A_B + \omega_2 SN$。其中，$B$ 是个体在意志控制下的行为，I 是个体的行为意向，A_B 是个体对这种行为的态度，SN 是他人认为个体应该行为的主观规范，ω 是系数。各影响因素与行为之间的关系可以用图 3-5 来表示。

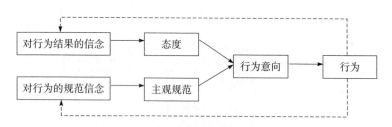

图 3-5　理性行为理论模型

从某种意义上说，菜农在蔬菜种植过程中的病虫害防治行为和生产行为，实质上也是一种技术的采纳和使用行为，Davis 根据理性行为理论提出的技术接受模型（陈渝，2009）也可以解释菜农使用农药行为发生的一般过程。技术接受模型表明，菜农是否采纳和使用某种技术的行为受到其态度和行为意向的影响，对技术的有用性和易用性的感知通过态度和行为意向间接影响菜农使用农药行为，环境约束和外界其他干扰因素通过外部变量影响菜农的内部信念、态度、行为意向和行为。技术接受模型各变量之间的作用关系如图 3-6 所示。

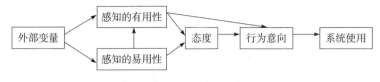

图 3 - 6　技术接受模型

根据相关概念的界定，技术接受模型中感知的有用性和感知的易用性是菜农对技术采纳结果评估后的信念。如果仍然将行为意向作为态度的一部分，技术接受模型可以简化为外部因素—信念—态度—行为，其中信念和态度的先后顺序与知信行模式中信念和态度的关系相反。信念和态度的先后顺序在知信行模式和技术接受模型中不一致，笔者认为并不矛盾，知信行模式是解释行为如何改变的，而技术接受模型是解释技术（行为）是如何接受或决定的，信念反映了个体的价值取向，较态度更基本、更具有概况性，而态度较信念更具体和容易改变，因此从改变上应该是先改变态度后改变信念，从决定上应该是基本的信念决定了某一行为的态度，因而二者具有在先后顺序上有差异。

个体的行为实际上并非完全受其意志控制，还要考虑到执行某种行为可能面临的困难或者阻力。Ajzen（1991）在理性行为理论基础上提出的计划行为理论表明，行为意向和实际行为控制共同决定行为，态度、主观规范和知觉行为控制变量决定行为意向，准确的知觉行为控制可以代替实际行为控制直接预测行为是否发生。计划行为理论中各个变量之间的关系可以由图 3 - 7 来表示。

在其他研究态度的学术文献里，一般将态度构成比较统一的划分为认知（cognitive component）、情感（affective component）和行为意向（behavioral component）三部分（S. J. Brecher，1984；S. L. Crites，1994），如果将行为意向作为态度的一部分，根据计划行为理论中各变量之间的关系，计划行为理论可以理解为态度

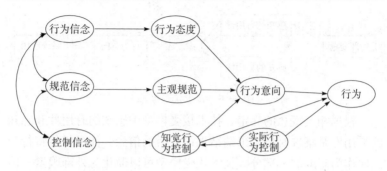

图 3-7　计划行为理论模型

和实际行为控制共同影响行为，主观规范和知觉行为控制通过态度中的行为意向成分间接影响行为，准确的知觉行为控制替代实际行为控制，不经过态度中的行为意向影响行为，而是作为独立的变量和态度共同影响行为，个人特征以及社会文化等外部因素通过影响行为信念间接影响行为态度。计划行为理论中态度只包含个体的认知和感情成分，甚至只强调了态度的工具性成分，把态度中的情感成分忽略，把态度中的行为意向成分作为一个单独变量来影响行为，不仅弱化了态度的构成，也弱化了态度对行为的决定性作用。Sutton（1998）以及 Arts 等（1998）认为行为由行为习惯决定，或者说行为本身就是一种自动化的习惯。对于菜农来说，如何进行蔬菜种植、采用何种防治措施、如何防治等行为几乎都没有太多改变，这似乎也说明菜农使用农药行为也是一种自动化的习惯，但根据 Ajzen（2002）的观点，并非习惯决定行为，实质是习惯或者经验影响了个体的行为控制，态度仍然对行为具有直接影响。

　　菜农使用农药的种类、数量、配比比例、喷洒时间、间隔期和方法等一系列行为往往形成一种既定经验，尤其是种植年限越长的菜农，对个人过去既定经验的依赖性越强（贾雪莉，2011；魏欣，2012）。因此，菜农对选择农药和使用农药的行为几乎成为了一种惯性，每种农药适合于防治何种病虫害、每年使用什么农药、每亩地购买多少农药、每次打多少农药、农药和水的搀兑比例、农药的使用间隔期以及打完农药后如何处置剩余农药和废弃药瓶等几乎都没有太多改变。根据知信行模式、理性行为理论、计划行为理论和技术接受模型对菜农使用农药行为的分析，只有转变菜农的锚定心理才能有可能转变菜农习惯化的农药使用行为。理论上讲，如果输入的刺激信息对锚定心理产生的影响足够大，菜农的锚定心理调节充分，那么相应会有菜农行为上的转变，但是现实中这一行为转变机理需要考虑到必要的约束条件，如果忽略了这些必要的约束变量，那么菜农的锚定心理即使有了调整，也不一定会有行为的转变，其表现为三方面：其一可能是菜农的锚定调整与行为转变不相关，其二可能是菜农的行为转变与锚定心理的调整不一致，其三可能是锚定心理的调整是由于行为引起的。

（1）锚定调整与菜农使用农药行为改变之间的相关性

菜农的锚定心理即使产生了调整，是否一定能导致菜农使用农药行为的转变？根据相关学者的研究结果，菜农锚定心理和行为之间的相关性需要考虑一些必要的约束变量，如果不考虑这些约束变量，即使菜农的锚定心理发生了变化，也不一定就能导致菜农行为的转变。根据 Ajzen（1996）、Sutton（1998）和 Kraus（1995）等人的研究，这些约束变量包括：

第一，菜农对农药使用行为的态度是否容易提取。如果菜农对农药使用行为的态度很容易从菜农的记忆中提取出来，那么菜农的态度可以更容易预测菜农的农药使用行为是否能够转变。对于菜农来说，态度是否容易被提取取决于他对农药使用行为转变的态度是否被频繁表达，频繁表达的态度也更容易被菜农记忆，这些频繁的表述也容易形成菜农态度的表述经验，也更容易从菜农的记忆中被提取，也反映了菜农对农药使用行为态度的强度，形成菜农对农药使用行为的内部驱动力，并且这种强度决定了这种驱力是否进一步引发相应行为，强度越大的态度引发相应的行为的反应时间间隔越短。

第二，菜农对于农药使用行为转变的态度对菜农来说是否重要，以及菜农的态度和具体农药使用行为如何转变是否具体。菜农对农药使用行为的态度是否重要，取决于菜农的价值观和农药使用行为带来的利益，或者对菜农来说那些相对重要的个体或者群体对菜农的认同。如果菜农对农药使用行为转变的态度认为很重要，比如说媒体或者社会对菜农的态度比较关注，使得菜农认为对待农药使用行为的态度很重要，或者说菜农对于转变行为的态度很坚决，比如菜农由于食用自己的农产品曾经有过中毒现象，使得菜农下定决心要转变过去使用的防治措施，那么菜农的态度和农药使用行为转变之间具有较高的相关性，菜农的态度越具体，态度和农药使用行为转变之间的联系越有力。

第三，菜农使用农药行为受到来自社会各方面的压力是否足够大①。当社会压力对菜农使用农药行为拥有绝对性的权利，比如社会舆论和焦点一致关注农产品质量安全时，菜农的态度和农药使用行为转变之间越可能出现差异，尤其是菜农农药使用的个体行为一旦成为一种组织性行为时，社会压力对菜农的态度和农药使用行为的影响更大（浦徐进，2010），对于小规模农户分散经营的情况下，这种压力被分散，因而倾向于不太关心农产品的质量安全（吴淼，2012）。

第四，菜农对农药使用行为的态度是否具有直接经验。如果菜农对于态度所针对的事件有着直接的经验，则菜农的态度和农药使用行为转变之间的关系很可能更强烈。

---

① 对于这一因素的作用，计划行为理论中体现在"主观规范"因素对行为的影响。

(2) 锚定调整与菜农使用农药行为改变之间的一致性

菜农的心理和行为之间并非具备一致性，或许菜农并非不懂得过量使用农药的危害，但在实际行为中仍然过量使用农药，这样就会出现菜农态度和农药使用行为的不一致。根据 Newby-Clark 等人（2002）的研究，总体上人们会努力寻求态度之间以及态度和行为的一致性。但考虑到环境因素的影响和个体对行为的知觉行为控制，则会出现个体态度与行为不一致的情况[①]。Leon Festinger（1957）提出的认知失调（Cognitive Dissonance）理论表明，菜农对农药使用行为可能会有超过两种以上的态度，这些不同的态度之间以及态度和行为之间可能会不一致，这些不一致会让菜农感觉不舒服。当菜农过量使用农药的行为与他对过量使用农药的态度不一致时，他会对自己的这一不协调或不一致愧疚或不安。Leon Festinger（1957）认为，尽管人们会努力减少这种不协调和不舒服，总是去寻求到一种能把失调降低到最低程度的稳定状态，但当存在外部因素导致这种不一致仍然不能降到最低程度时，会依然保持这种不一致。对于菜农来说，心理和行为不一致这种失调状态不可能完全避免，在监督不到位的情况下，菜农知道不应该使用剧毒农药，但为了能更好地防治病虫害或许会仍然使用剧毒农药，菜农可能会一边批判不应该使用剧毒农药，一边仍然使用剧毒农药。

菜农是否愿意采取措施将这种不协调降到最小化，取决于菜农的意愿，根据 Leon Festinger 的理论，菜农对协调心理和行为不一致的意愿主要由以下三个因素决定：

---

① 另外，根据 Ajzen 的观点，当测量态度和行为的变量包含的行为元素不同时，实证结果所显示出的变量之间的关系也会混淆，容易出现态度和行为不一致的表象。因此 Ajzen 建议，行为的操作性定义应该包括对象、环境、行动和时间四个元素。

第一，造成失调要素的重要程度。如果造成不协调的因素相对不太重要，菜农调整这种不平衡的压力就比较小。即使菜农坚定地认为不应该过量使用农药或者剧毒农药，但考虑到防治效果的重要性，菜农在使用农药时，防治效果因素压倒了他对农药残留认知的态度（假定在此情况下监督不够大，不足以使得菜农的收入减少）。

第二，菜农相信自己受到这些要素控制的程度[①]。认知失调理论认为，个体对这些要素的支配和把握程度，会影响他们对不协调所做出的反应。当菜农感到上述不协调是一种不可控的结果，没有更好的选择余地时，既不会改变自己的态度也不会改变自己的行为。即使菜农知道使用的某种农药会有残留，当他认为在防止措施上没有更好的选择时，他依然会使用这种农药，其农药使用行为也不会发生改变，菜农在态度上认为不应该使用这种农药和继续使用这种农药的失调依然存在，但是菜农很容易把这种不协调合理化并做出辩解。

第三，菜农在失调状态下的受益程度。利益驱使会影响菜农去降低失调的动机强度。如果高度失调伴随的是高收入，那么菜农失调产生的紧张程度就会降低，菜农可能比一般的消费者更清楚使用剧毒农药对人健康的危害，但为了获得更高的收入依然选择使用剧毒农药。

当菜农的行为和心理出现不一致时，菜农就会采取措施促使态度与行为重新回到一致的心理平衡状态：一是菜农改变自己的农药使用行为，如改变过量使用农药或者采用其他相对安全的防治措施。二是菜农会调整自己的心理认知。如果菜农内心认为不应该使用当前的防治措施，但是却找不到其他更好的措施，便认

---

① 对于这一因素的作用，计划行为理论中引入"知觉行为控制"因素解释其对行为的影响。

为过量使用农药或者剧毒农药在农业生产中是一件很平常的事情，因而菜农从内心里对自己的农药使用行为也变得释然。三是增加一个新的认知，为这不一致找到合适的理由，或者寻求一种更重要的因素来平衡不协调因素。菜农可以认为这种失调行为并不严重从而降低失调感，菜农或许会觉得为了谋生只能将收入放在他人健康之上，或者菜农可能会认为，既然消费者无法支付有机农产品的高价格，在没有其他选择的时候就只能消费有农药残留的农产品。

(3) 锚定调整与菜农使用农药行为改变之间的因果性

第一，自我知觉理论的解释。理性行为理论、计划行为理论和技术接受模型表明，如果把行为意向作为态度的一个成分，那么态度的转变直接可以导致行为的转变，传统心理学研究表明，态度决定行为并且正相关，态度的调整和行为转变之间具有因果性。然而相关研究表明，行为产生态度的情况也有时存在（C. A. Kiesler，1969；S. E. Taylor，1975），菜农锚定心理的调整和农药使用行为转变之间的因果关系仍然需要考虑一些必要的约束变量。根据 Bem（1972）提出的自我知觉理论（Self-perception Theory），当菜农对农药使用行为的态度不够清晰时，不能从态度的调整去分析行为的改变，而是从行为中产生态度。当菜农对农药使用行为的态度不够清晰时，菜农对态度的表述是源自于对农药使用行为的回忆，从回忆的行为中推断出自己的态度。当问到菜农对某一行为的态度时，菜农会回忆过去的农药使用行为，如果菜农已经有多年的农业生产经验，一直都是通过过量使用农药进行防治病虫害，并且过量使用农药也没发生什么意外，他们会认为过量使用农药无关紧要。在这种情况下，自我知觉理论表明，态度不具有指导行为的作用，而是对既定行为的一种总结，通过态度的表达让已有的行为或者行为的改变更具有意义。当态度是从行为中产生时，人们倾向于对发生的行为找出一种听起来合理的态度表述，态度只是一种很随意的言语陈述。

通过自我知觉理论，在以下两种情况下菜农的态度是通过农药使用行为产生的：其一，菜农对农药使用行为内部状态中的态度是模糊不清的，如同菜农通过他人的外显行为推断其内心状态一样，通过自己的农药使用行为尤其是已发生的行为来推断自己的内心状态；其二，菜农对自己农药使用行为态度所做出的反应不太关心，菜农对于农药使用行为的态度感觉不太重要，仅仅是一种总结性的言语陈述。根据 Bem 对行为产生态度归因的限定，菜农使用农药行为产生态度归因于以下几种情况：其一，菜农使用农药行为是在外在控制下或者存在外部诱因的情况下发生的还是自动发生的一种行为；其二，菜农对态度认知的内在线索是否模糊和微弱；其三，菜农对农药使用行为的态度是否缺乏外在反馈源。只有菜农的农药使用行为是自动发生的，且内在线索模糊，缺乏态度的外在反馈源，菜农才会从自己的农药使用行为来推论自己的态度。不但菜农对农药使用行为态度的清晰程度影响了菜农使用农药行为态度和农药使用行为的因果关系，菜农个体所处的阶层也影响了菜农使用农药行为的态度和行为发生的先后顺序。

第二，态度 ABC 模型的解释。当菜农的阶层不同时，会产生不同的阶层效应（hierarchy of effects），不同阶层菜农态度的认知、感情和行为成分之间的相互关系也不同，Baron（1988）的态度 ABC 模型根据不同的情况表明了态度和行为在不同情况下的先后关系，对于不同的个体、不同的行为等约束变量，菜农的态度与行为的因果关系也会随之变化[1]。就菜农而言，菜农收

---

① 确切地说，ABC 模型同计划行为理论一样对态度成分的界定都有所弱化，只包含认知成分和感情成分，本研究引用 ABC 的目的旨在表明约束变量不同，态度和行为的因果关系不同。

入层次、对待风险的规避态度等控制变量影响了菜农态度与使用农药行为的关系。对于普通的菜农，从认知信息加工开始，先对农药使用行为具备一定的信念，然后对态度对象有一定感觉，遵循认知—感情—行为的顺序过程；对于一个低收入、又急于获得更高的收入的菜农，且具有较高的风险规避程度，则会采取边学习边行为的策略，先形成一定的信念，然后付诸行动，再对态度对象有一定的感觉，采取认知—行为—感情的过程；对于高收入种植户，具备一定的抗风险能力，如果不是一个风险规避者，则首先对态度对象有一定的感觉，然后产生行为，可能较容易尝试使用新的农药品种，或者采用新的防治措施，最后对态度对象产生一定的信念，那么其态度与行为的关系遵循感情—行为—认知的过程。

3.4　小结

本章是理论分析部分。将行为经济学和认知心理学的相关经典理论应用到对菜农使用农药行为转变的分析中。首先根据心理学理论讨论了菜农使用农药行为转变的几种动机；其次利用高级微观经济学理论和演化博弈论对菜农的农药使用行为转变进行了分析；最后利用行为经济学理论对菜农的信息获取机理、信息能力对锚定心理的影响机理和信息能力、锚定调整与菜农使用农药行为转变机理进行了分析。

第四章 菜农信息能力的测度
及其影响因素

4.1 菜农信息能力测度依据

    菜农获取信息的任务是通过一定的方法把有关农业生产的本体论信息 S 转换为菜农所表述的认识论信息。在这一过程中，人类的感觉器官感受到有关农业生产本体论信息 S 的存在，并转换和表示为语法信息 X，思维器官通过注意与选择功能，对获得的语法信息 X 进行识别（钟义信，2008）。对菜农来说，菜农只选择有限的与其生产和生活有密切关联的语法信息 X 予以关注，并对信息内容和价值因素进行理解，生成相应的语用信息 Z 和语义信息 Y。

    面对有关农业生产的本体论信息 S，菜农的感官器官首先将其转换为语法信息 X。如果本体论信息 S 生成语法信息 X 这种转换不存在信息的损失和遗漏，是一一对应关系，且这种转换的函数关系可以表示为：$\Phi: S \mapsto X$。理论上讲，在不考虑认知主体差异的情况下，菜农面对的有关农业生产的本体论信息与认识论信息中的语法信息之间，必然存在一一对应的映射关系，因为菜农面对的有关农业生产的本体论信息是不以认识主体的存在为转移的客观信息，认识论中的语法信息是菜农通过某一方式对这一客观信息的表示，这两种信息集合都可具有各自的肯定度空间，其离散关系可以表示为：

$$\begin{Bmatrix} X \\ C \end{Bmatrix} = \begin{Bmatrix} x_1 \cdots x_n \cdots x_N \\ c_1 \cdots c_n \cdots c_N \end{Bmatrix} 和 \begin{Bmatrix} X' \\ C' \end{Bmatrix} = \begin{Bmatrix} x'_1 \cdots x'_n \cdots x'_N \\ c'_1 \cdots c'_n \cdots c'_N \end{Bmatrix}$$

如果菜农面对的有关农业生产的本体论信息空间和菜农对农业生产的认识论信息空间之间属于同构关系或者等效关系，那么有关农业生产的本体论信息可以向菜农的认识论信息完全转化，属于一一对应的或者可逆关系。但现实情形中，由于菜农的认知能力有限，不可能达到一一对应的关系，并且获取所有农业生产的本体论信息对菜农来说也是没有必要。但只要有关农业生产的本体论信息空间和菜农的认识论信息空间这两个肯定度空间之间保持有某种非混淆的关系，则有关农业生产的本体论信息向菜农的认识论信息转换就是满意的或可以接受的，即：$\begin{Bmatrix} X \\ C \end{Bmatrix} \leftrightarrow \begin{Bmatrix} X' \\ C' \end{Bmatrix}$。

现实农业生产中，菜农面对的有关农业生产的本体论信息有多个（种、方面），菜农需要把这多个（种、方面）有关农业生产的本体论信息转换后进行有效的综合，以简单的集合列表方式 $X \Leftarrow \{x_1, \cdots, x_n, \cdots, x_N\}$、简单的加总方式 $X \Leftarrow \sum_{i=1}^{N} x_i$、加权的集成方式 $X \Leftarrow \sum_{i=1}^{N} \omega_i x_i$ 或复杂的智能融合方式 $X \Leftarrow f(x_1, \cdots, x_n, \cdots, x_N)$ 加以融合，以便全貌反映出有关农业生产的语法信息 X。

菜农感受到有关农业生产的本体论信息 S，用某种合适的方法记录、传达、表示出语法信息 X，这仅仅是对农业生产本体论信息 S 的形式表示，并不能体现出农业生产信息的内容含义和效用价值。因此菜农需要把有关农业生产的语法信息 X 与自己的目标 G 相结合，筛选与之有密切关系的有限的农业生产信息进行关注，使获得的有关农业生产的语法信息 X 能反映出自己目标（目的）G 的效用价值，这时菜农得到的农业生产信息就成为一种语用信息 Z。如果传入的外部信息 S 转换成的语法和语用信息是菜农以前曾经经历过、且留有相应的记忆存储，即存在语法信息 X 和语用信息 Z 的关系集合 $\{X_k, Z_k\}$，菜农可以通过主动

回忆，相当于用 X^* 作为检索关键词去搜索记忆系统中的关系集合 $\{X_k, Z_k\}$，如果此时的语法信息 X^* 与 $\{X_k, Z_k\}$ 中的某个语法信息 X_{k0} 实现了匹配，那么与 X_{k0} 相对应的语用信息 Z_{k0} 就是输入的语法信息 X^* 所对应的语用信息 Z_{k0}，这时满足 $Z = Z_{k0} \in \{X_k, Z_k\}|_{X=X_{k0}}$ 这一关系的语用信息 Z_{k0} 就会被菜农从记忆中提取出来。如果输入的本体论信息 S 转换成的语法和语用信息是菜农以前没有经历过的农业生产信息，即菜农记忆存储中的语法和语用信息关系集合 $\{X_k, Z_k\}$ 不存在与之相对应的匹配项，在这种情况下，菜农通过对这一新的刺激信息的亲身体验，得到这一新的刺激信息与自己目标 G 的利害关系相结合的新语用信息 Z，这一执行过程可以用函数 $Z \propto Cor(X, G)$ 表示（其中 G 是系统的目标矢量，Cor 是运算符号）。菜农一旦通过体验和估量获得了与语法信息 X^* 相对应的语用信息 Z^*，就增加了新经验，并把新的对应关系存入到以前的语法和语用信息关系集合 $\{X_k, Z_k\}$ 中备用，从而增加了菜农的记忆存量。菜农通过不断地记忆提取或者刺激体验，对有关农业生产的语法信息和语用信息关系集合 $\{X_k, Z_k\}$ 的储存越来越丰富，菜农对农业生产的阅历和经验也越来越丰富。

菜农在获得了有关农业生产的语法信息 X 和语用信息 Z 后，需要把获取到的有关农业生产的语法信息 X 和语用信息 Z 通过逻辑演绎（抽象思维）的方式推知（抽象出）语义信息 Y（也称之为全信息）。菜农对某种农业生产的语义信息的获得既不是通过感官系统来感知，也不是通过体验的方式获得，而是通过人类特有的逻辑演绎思维功能抽象得到，这一过程可以表示为：$Y \propto \Lambda(X, Z)$（其中 Λ 表示"逻辑与"运算符号）。

以菜农对某农药信息的获取为例：

（1）对某一瓶农药本体论信息 S 感受到的语法信息 X（形式）：{塑料瓶包装，液体，约 30 米高，重 500 克}。

（2）根据经验（先验知识）和后天的体验（闻、用等）可以获得语用信息 Z（功用）：｛刺激性气味，味苦，能杀死（防治）某种病虫害｝。

（3）通过逻辑演绎抽象出该瓶农药的语义信息（内容）：$Y \propto \Lambda(X, Z) = $｛塑料瓶包装，液体，约 30 厘米高，重 500 克｝且｛刺激性气味，味苦，能杀死（防治）某种病虫害｝。

人类的感觉器官和思维器官对输入刺激的敏感区域、敏感度和分辨力都存在局限性，况且外部事物运动状态和变化方式往往以一种复合方式表现出来，菜农不可能完全把所有有关农业生产的本体论信息完全获取到，显然菜农的认识论信息与有关农业生产的本体论信息无法达到无差异。对于个体菜农而言，由于个体特征的差异，导致菜农获取到的语用信息和语义信息必然存在差异。当然，对于有着先天生理缺陷的信息获取主体而言，从有关农业生产的本体论信息向语法信息的转换可能也是存在障碍的，本研究对象只针对于能够正常获取语法信息的信息获取主体。对于身心健全的信息获取主体而言，针对同样的语法信息，由于受个体特征等因素的影响，单个的信息获取主体并非都能将特定的语法信息与自己的目标完全相结合，即做到通过注意与选择功能将众多的语法信息进行筛选，面对众多的语法信息，并非人人都能做到有心人。当然，在所有的有心人群体中，能把通过注意与选择功能筛选出来的语用信息理解并融会贯通抽象出语义信息也是与个体特征有关系。同样的信息可能都可以看（听）到，但是并非所有的菜农都能感知其内容含义和效用价值，至于能否将其通过逻辑演绎的方式抽象成语义信息，更取决于菜农个体的差异。本研究对菜农的信息能力测度主要是对菜农获取语用和语义信息的能力进行测度，菜农对于语法信息的筛选与自己的目标结合，必然涉及菜农对信息的意识和需求，基于信息获取的便利和效率，则必然涉及菜农获取信息的信息来源和渠道。根据相关文献，本研究对菜农信息能力测度的考察主要包括信息意识、信息需求、信息认知、信息获取、信息使用和信息获取来源与渠道等（苑春荟，2014）。从信息能力的含义上看，信息能力包括信息意识、信息需求、信息认知、信息获取、信息使用和信息获取来源和渠道，这些变量都属于构念，包括多个观测指标。同时，由于信息能力的测度必须基于将信息物化为某一特定的信息，所以本研究将菜农信息能力的测度物化为对菜农农药相关知识及其农药使用信息的获取进行测度，并找到菜农获取信息能力水平呈现出个体差异的显著影响因素。

4.2 量表设计

本研究对菜农信息能力的测量主要是参照苑春荟等（2014）对农户信息素质测量开发的量表，并与研究内容的实际情况，归纳出菜农的信息能力初始测量问题选项，量表采用 Likert 5 级量表形式，非常弱＝1，比较弱＝2，一般＝3，比较强＝4，非常强＝5。根据吴聪贤的观点，一个量表如果是要测量一个单独或者较明显的事物的测量项目，设计问题应该在 20 条左右，从已有的文献看，通常是 30 条较多（吴聪贤，2006）；而根据计划行为理论提出者 Ajzen 在其官方网站上公布的量表设计样本[①]，每个测量项目的问题大致在 4～10 条问题，一般在 6～7 条。本研究对菜农信息能力潜变量的测量问题初始设计为 29 条，每个因子的测量问题在 5～7 条，基于测量指标全面的原则并兼顾有些问题的有效性，通过信度和效度检验，对原始问卷测量问题的调研数据进行因子分析，根据各个选项的因子载荷，选择因子载荷较大（大于 0.7）的测量选项，剔除因子载荷较小的问题选项，

---

① http://people.umass.edu/aizen/index.html。

每一个因子的测量问题选取 3～4 条代表性问题，最终的测量条款如表 4-1 所示。

表 4-1　菜农信息能力测度量表

测量项目	代码	测量条款
信息意识	YS1	农业信息对种植蔬菜种植重要性的意识
	YS2	农业信息有用性的意识
	YS3	对信息技术培训重要性的意识
信息需求	XQ1	对农药信息的需求
	XQ2	对防治技术信息需求
	XQ3	对相关培训的信息需求
	XQ4	对相关信息载体的需求
信息认知	RZ1	农药的认知水平
	RZ2	农药使用的认知水平
	RZ3	"农药残留"概念的认知水平
信息获取	HQ1	农药购买信息的获取水平
	HQ2	农药使用信息的获取水平
	HQ3	农药效果信息的获取水平
信息使用	SY1	病虫害防治信息使用水平
	SY2	蔬菜种植信息的使用水平
	SY3	农药信息对生产技术改进起到的作用
信息来源与渠道	QD1	农药相关知识信息的来源
	QD2	防治病虫害农药品种选择的信息渠道

4.3　菜农的信息能力水平

对于菜农信息能力的测算，一种是以菜农的回答得分进行因子分析进行降维，用因子分析得出菜农的信息能力的综合得分，将综合得分作为划分菜农信息能力水平的划分标准；另一种方法是加总量表法，将菜农的信息能力潜变量设置成一套测量项目构成，假设每一项目具有同等的意识数值，每一个项目采用 Likert 量表法，所有项目的总和即为菜农个人的意识分数，分数的高低代表个人在量表上或连续函数上的位置（吴聪贤，2006；孙萍，2011）。考虑到第一种方法在对菜农进行类别划分时，归类临界点的确定缺乏有效的依据，因此本研究采用第二种方法，将菜农在各个问题上的得分进行求和加总，取平均值，然后根据最终的结果划分为 5 类，菜农的信息能力非常强的赋值为 5，比较强的赋值为 4，一般的赋值为 3，比较弱的赋值为 2，非常弱的赋值为 1。

通过对所有样本的调研数据利用加总量表法进行分类分析发现：

（1）菜农的信息意识较强，所有样本的信息意识综合得分为 4.095 分，超过 65% 的菜农具有比较强的信息意识，但仍然有 1.6% 的菜农对信息意识非常弱，9.5% 菜农的信息意识比较弱，另外有 23.2% 的菜农信息意识在一般水平。这说明大部分菜农意识到了信息的价值和好处。菜农的信息意识统计分析如表 4-2 所示。

表 4-2　菜农信息意识水平

信息意识	非常弱＝1	比较弱＝2	一般＝3	比较强＝4	非常强＝5
频数（人）	5	29	71	147	54
比例（%）	1.6	9.5	23.2	48.0	17.6

（2）尽管菜农具有较强的信息意识，但是菜农的信息需求一般，得分为 3.67 分，这反映出菜农比较安于已有的信息资源。菜农对信息的需求状况却不是十分理想，在对菜农询问"您是否需要有人指导农药的高效与安全使用"这一具体问题时，尽管有

199 人回答需要，占总人数的 65%，但是对信息需求的综合测度上，只有 40% 的菜农具有较强的信息需求，另外有 2.3% 的菜农对信息的需求非常弱，有 21.6% 的菜农对信息的需求比较弱，有 35.9% 的菜农对信息的需求处于一般水平。究其原因，虽然菜农意识到信息的重要性，但是由于菜农在长期的蔬菜种植中对于如何使用农药已经形成了既定的认知经验，觉得自己掌握的信息已经够用，基本上不太需要新的信息，或者说，基于自己当前的蔬菜种植条件，所需要的其他信息也许没有用，因而对信息没有表现出太多的需求。菜农的信息需求水平统计分析如表 4-3 所示。

表 4-3 菜农信息需求水平

信息需求	非常弱=1	比较弱=2	一般=3	比较强=4	非常强=5
频数（人）	7	66	110	90	33
比例（%）	2.3	21.6	35.9	29.4	10.8

（3）总体上菜农的信息认知水平一般以上，得分为 3.94 分，菜农的信息认知水平分布比较集中，超过 40% 的菜农信息认知水平处于比较强的水平，菜农信息认知水平比较强以上的比例接近 60%，不足 40% 的菜农的信息认知水平在一般以下水平，说明菜农的信息认知水平较好。菜农的信息认知水平如表 4-4 所示。

表 4-4 菜农的信息认知水平

信息认知	非常弱=1	比较弱=2	一般=3	比较强=4	非常强=5
频数（人）	8	34	82	128	54
比例（%）	2.6	11.1	26.8	41.8	17.6

（4）菜农的信息获取水平较强，综合得分为 4.06 分，菜农

的信息获取水平分布较为集中，超过 40% 的菜农信息获取水平处于比较强的水平，超过 65% 的菜农信息获取水平在比较强以上，一般以上水平的菜农占到 90% 以上，另外不足 10% 的菜农信息获取水平低于一般水平。菜农的信息获取水平如表 4-5 所示。

表 4-5　菜农的信息获取水平

信息获取	非常弱=1	比较弱=2	一般=3	比较强=4	非常强=5
频数（人）	5	24	73	134	70
比例（%）	1.6	7.8	23.9	43.8	22.9

（5）菜农的信息使用水平总体处于一般水平，得分为 3.71 分，菜农的信息使用水平主要分布在一般水平和比较强这两段，但是在一般以上水平的菜农比例超过 80%，仍然有 17% 的菜农信息使用水平低于一般水平。菜农的信息使用水平统计分布如表 4-6 所示。

表 4-6　菜农的信息使用水平

信息使用	非常弱=1	比较弱=2	一般=3	比较强=4	非常强=5
频数（人）	9	43	101	114	39
比例（%）	2.9	14.1	33.0	37.3	12.7

（6）通过对菜农获取农药相关信息渠道的分析发现，超过 1/3（占 35.3%）的菜农获取农药相关信息的主要途径单一，菜农获取农药相关信息的渠道主要有 2 种的占 35.6%，菜农获取农药相关信息的渠道主要有 3 种的占 18.6%，菜农获取农药相关信息的渠道主要有 4 种的占 8.2%，菜农获取农药相关信息的渠道主要有 5 种的占 0.98%，其中有 1.3% 的菜农由于种植的是有机蔬菜或者因为种植的蔬菜品种（如黄瓜等）不使用农药，没

有回答。菜农获取农药相关信息的主要来源与渠道如表 4 - 7 所示。

表 4 - 7　菜农获取农药相关信息的主要来源与渠道

信息来源	1 种	2 种	3 种	4 种	5 种	其他
人数（人）	108	109	57	25	3	4
比例（%）	35.3	35.6	18.6	8.2	0.98	1.3

其中，在获取农药相关信息的单一途径中，只通过书刊报纸等单一方式获取信息的占 9.25%，占总人数的 3.27%；只通过亲朋好友、邻居等单一方式获取信息的占 25.93%，占总人数的 9.15%；只通过广播、电视等媒体单一方式获取信息的占 2.78%，占总人数的 0.98%；只通过农药销售人员单一方式获取信息的占 41.67%，占总人数的 14.71%；只通过农技人员单一方式获取信息的占 20.37%，占总人数的 7.19%。

通过书刊报纸和亲朋好友、邻居两种途径获取信息的占 4.59%，占总人数的 1.63%；通过书刊报纸和广播、电视两种途径获取信息的占 4.597%，占总人数的 1.63%；通过书刊报纸和销售人员两种途径获取信息的占 9.17%，占总人数的 3.27%；通过书刊报纸和农技人员两种途径获取信息的占 10.09%，占总人数的 3.59%；通过亲朋好友、邻居和广播、电视两种途径获取信息的占 4.59%，占总人数的 1.63%；通过亲朋好友、邻居和销售人员两种途径获取信息的占 25.69%，占总人数的 9.15%；通过亲朋好友、邻居和农技人员两种途径获取信息的占 9.17%，占总人数的 3.27%；通过广播、电视和销售人员两种途径获取信息的占 7.34%，占总人数的 2.61%；通过广播、电视和农技人员两种途径获取信息的占 1.83%，占总人数的 0.65%；通过销售人员和农技人员两种途径获取信息的占 22.94%，占总人数的 8.17%。菜农在五种主要信息获取渠道的使用频次如表 4-8 所示。

表 4-8　菜农的信息来源与渠道频次 I

信息渠道	书刊报纸	亲友邻居	广播电视	销售人员	农技人员	总计
频次（人）	93	138	80	186	115	612
比例（%）	15.2	22.5	13.1	30.4	18.8	100

菜农在具体病虫害防治采用何种农药时，信息获取渠道比较单一，信息来源主要采用单一渠道的菜农占 47.71%，接近一半。其中有 41.78% 的菜农是单纯靠自己的经验去使用何种农药进行病虫害防治，占总样本的 19.9%；有 19.18% 的菜农是通过询问亲朋邻居，占总样本的 9.15%；有 28.77% 的菜农是通过卖主的推荐，占总样本的 13.73%；有 5.48% 的菜农是通过电视广告等媒体，占总样本的 2.61%；有不足 4.8% 的菜农采用上网自己查资料等方式获取，占总样本的 2.29%。

另外，有 38.56% 的菜农会选择两种以上的方式确定使用何种农药，其中 24.58% 的菜农主要是根据自己经验加卖主推荐或者亲朋邻居加卖主推荐，占总样本的 9.48%。总体看，自我经验、亲朋邻居推荐和卖主推荐是菜农选择农药品种的要信息来源，其使用频次与分布比例如表 4-9 所示。

表 4-9　菜农的信息来源与渠道频次 II

信息渠道	自我经验	亲朋邻居	农药卖主	电视广告	其他	共计
频次（人）	158	99	142	63	17	479
比例（%）	33.0	20.7	29.6	13.2	3.5	100

通过以上分析可以发现，菜农获取信息的来源和渠道主要有以下几个特征：

第一，菜农获取信息的来源和渠道主要采用传统信息渠道。

菜农信息获取的来源和渠道主要是销售人员、自我经验，而现代信息源利用较少。调研发现，调研农户中有 54.7％的农户家中安装了宽带，有 55.8％的农户有过上网经历，但上网的频率却不尽如人意，在有过上网经历的农户中，偶尔上的有 23.6％，有需要就上网的占 23.4％，经常上网的只有 8.8％，只有不足 12％的农户去查阅与蔬菜种植或者与农业生产有关的信息。

第二，菜农对信息获取的方法简单，信息获取方法有待提高。菜农对农药相关信息的了解，主要是通过销售人员的介绍，占 30.4％，这与王永强（2012）的调研结果一致；对于选择何种农药进行病虫害防治，菜农主要是凭自我经验，占 33％，这与鲁柏祥（2000）在浙江省的调查结果一致。菜农对信息的获取很少通过自己查阅说明书或者上网搜寻相关资料，原因与 AV Waichman（2007）在巴西的研究发现基本相同，作为世界第四大农药消费国的巴西，菜农对农药信息的获取基本上不采用阅读农药产品标签上显示的信息这一途径，农户不读产品标签上的说明是因为字体太小，而且说明太长，过于技术化；在中国年龄越大的菜农相对文化程度越低，有些种植户由于文化水平不高，他们也无法理解农药说明上显示的信息，不会去利用网络技术等现代化方式去获取相关信息。

第三，政府培训对菜农信息获取起到的作用有待于加强。调研发现：对于"您所在的乡镇是否有组织农药使用技术培训"这一问题，只有 40.8％菜农回答有过相关方面的技术培训，对于"您是否参加过农药使用技术培训"这一问题，只有 37.6％的菜农表示参加过，说明农户参与蔬菜技术培训和学习的覆盖面还不够大（张莉侠，2009b）。根据上文对影响菜农信息意识、信息需求、信息认知、信息获取和信息使用显著因素的分析发现，是否有培训经历对于菜农的信息意识等影响都十分显著，从这一点来看，我国政府对于菜农的技术培训工作，还有很大的提升空间。

4.4 菜农信息能力的影响因素

4.4.1 变量的选取与描述性统计

由于考察的是影响菜农信息能力的因素，因此将菜农的信息意识、信息需求、信息认知、信息获取、信息使用水平作为被解释变量，非常强的赋值为5，比较强的赋值为4，一般的赋值为3，比较弱的赋值为2，非常弱的赋值为1；对于解释变量的选择，根据上文对菜农信息获取的理论分析，影响菜农获取信息的因素主要体现在菜农的个体特征方面，包括菜农的年龄、身体状况、教育经历、种植时间的长短、是否加入合作社、是否专业种植蔬菜和家庭人口数量。理论上讲，菜农的年龄越大，可能越容易注意到外界的信息；个体的身体越强壮越有精力去了解外界信息，并且上面的分析表明，身体状况的差异影响了菜农语用信息和语义信息的获取；个体的教育经历越长，也越容易理解接受语法信息；菜农的种植蔬菜时间越长且专职于蔬菜种植，那么对种植信息的意识越强，需求也越多，也越容易关注和理解获取到的语法信息，必然影响到菜农的信息认知、信息获取和信息使用；在合作社中各个成员之间的交流和培训经历也会影响到菜农的信息能力；另外，家庭成员的多少关系到能否接触到更多的信息源，家庭内部的交流也会影响菜农的信息意识等。各变量的选取如表4-10所示。

表4-10 变量描述

变量名	符号	指标含义
年龄	AGE	年龄（岁）
教育经历	EDU	受教育程度（年）
身体状况	BODY	健康＝1；其他＝0
家庭成员	NUM	家庭人口数量

（续）

变量名	符号	指标含义
种植年限	EXPR	种植时间（年）
收入来源	INCOM	专业种植＝1；兼业＝0
组织形式	CORP	加入合作社＝1；否＝0
培训经历	TRAIN	有过培训经历＝1；否＝0

各变量的描述性统计分析如表 4-11 和 4-12 所示。

表 4-11　各变量极值

	最大值	最小值	均值	标准差
类别	1	5	3.46	0.826
年龄	1	5	3.03	0.919
教育经历	1	5	2.18	0.851
身体状况	0	1	0.90	0.298
家庭成员	1	5	2.04	1.039
种植年限	1	5	2.53	1.372
收入来源	0	1	0.65	0.479
组织形式	0	1	0.31	0.462
培训经历	0	1	0.38	0.485

表 4-12　各变量描述性统计

		频数	比例（%）	累计比例（%）
年龄	20～30 岁	16	5.2	5.2
	31～40 岁	60	19.6	24.8
	41～50 岁	147	48.0	72.9
	51～60 岁	66	21.6	94.4
	60 岁以上	17	5.6	100.0

（续）

		频数	比例（%）	累计比例（%）
教育经历	小学	67	21.9	21.9
	初中	136	44.4	66.3
	高中	86	28.1	94.4
	大专	15	4.9	99.3
	本科及以上	2	0.7	100.0
身体状况	较差	30	9.8	9.8
	强壮	276	90.2	100.0
家庭成员	2个	113	36.9	36.9
	3个	104	34.0	70.9
	4个	63	20.6	91.5
	5个	16	5.2	96.7
	6个	10	3.3	100.0
种植年限	5年以内	97	31.7	31.7
	6～10年	71	23.2	54.9
	11～15年	50	16.3	71.2
	16～20年	56	18.3	89.5
	20年以上	32	10.5	100.0
收入来源	兼业	108	35.3	35.3
	专业	198	64.7	100.0
组织形式	没加入	212	69.3	69.3
	加入	94	30.7	100.0
培训经历	没培训	191	62.4	62.4
	培训	115	37.6	100.0

4.4.2 信度与效度

通过 SPSS 19.0 对调研数据进行分析，得到菜农信息能力调研数据的信度与效度。信度分析采用 Cronbach'a 系数（曾五一，2005），信息意识潜变量的 Cronbach'a 系数为 0.783，信息需求潜变量的 Cronbach'a 系数为 0.860，信息认知潜变量的 Cronbach'a 系数 0.811，信息获取和信息使用的 Cronbach'a 系数都在 0.8 以上，因此菜农信息能力各个因子潜变量的测量具有较好的信度。

效度分析用 KMO 和 Bartlett 样本测度检验数据是否适合做因子分析（曾五一，2005），计算得到信息意识潜变量的 KMO 值为 0.703，远远大于 0.5，Bartlett 球形检验近似卡方值为 259.118，达到显著水平（$P<0.001$），说明适合进行因子分析，通过因子分析计算出的所有测量指标在信息意识潜变量上的因子载荷都大于 0.8；信息需求潜变量的 KMO 值为 0.826，远远大于 0.5，Bartlett 球形检验近似卡方值为 538.327，达到显著水平（$P<0.001$）说明适合进行因子分析，通过因子分析计算出所有测量指标在信息需求潜变量上的因子载荷都大于 0.7；信息认知潜变量的 KMO 值为 0.960，Bartlett 球形检验达到显著水平（$P<0.001$），说明适合进行因子分析，然后通过因子分析计算所有测量指标在其潜变量上的因子载荷都大于 0.7；信息获取潜变量的 KMO 值大于 0.9，Bartlett 球形检验达到显著水平（$P<0.001$），然后通过因子分析计算所有测量指标在其潜变量上的因子载荷都大于 0.7；信息使用潜变量 KMO 值大于 0.9，Bartlett 球形检验达到显著水平（$P<0.001$），各个潜变量的 KMO 值都大于 0.7，表明菜农信息能力各个因子潜变量的测量具有较好的收敛效度。

4.4.3　参数估计

（1）影响菜农信息意识的显著性因素

为了能够得到影响菜农信息意识的显著性因素，通过 SPSS

19.0 对处理过的调研数据进行有序 Probit 回归分析，得到参数估计如表 4 - 13 所示。

表 4 - 13　菜农信息意识的系数估计

		估计	标准误	Wald 值	Sig. 值
阈值	[信息意识＝1]	−2.289	0.442	26.833	0.000
	[信息意识＝2]	−1.333	0.413	10.402	0.001
	[信息意识＝3]	−0.462	0.408	1.282	0.258
	[信息意识＝4]	0.976	0.411	5.654	0.017
位置	AGE	−0.095	0.077	1.515	0.218
	EDU	0.001	0.081	0.000	0.990
	BODY	−0.064	0.216	0.088	0.767
	NUM	−0.055	0.064	0.736	0.391
	EXPR	0.011	0.048	0.048	0.826
	INCOM	0.296	0.135	4.786	0.029
	CORP	−0.074	0.141	0.271	0.603
	TRAIN	0.629	0.142	19.521	0.000

（2）影响菜农信息需求的显著性因素

为了能够得到影响菜农信息需求的显著性因素，通过 SPSS 19.0 对处理过的调研数据进行有序回归 Probit 分析，得到参数估计如表 4 - 14 所示。

表 4 - 14　菜农信息需求的系数估计

		估计	标准误	Wald 值	Sig. 值
阈值	[信息需求＝1]	−1.887	0.428	19.478	0.000
	[信息需求＝2]	−0.494	0.404	1.494	0.222
	[信息需求＝3]	0.605	0.404	2.237	0.135
	[信息需求＝4]	1.767	0.413	18.287	0.000

（续）

		估计	标准误	Wald 值	Sig. 值
位置	AGE	−0.059	0.076	0.593	0.441
	EDU	0.121	0.081	2.267	0.132
	BODY	0.119	0.214	0.307	0.580
	NUM	−0.178	0.064	7.751	0.005
	EXPR	0.039	0.048	0.659	0.417
	INCOM	0.070	0.134	0.274	0.601
	CORP	0.195	0.140	1.936	0.164
	TRAIN	0.800	0.141	32.029	0.000

（3）影响菜农信息认知的显著性因素

为了得到影响菜农信息认知的显著因素，通过 SPSS 19.0 进行有序 Probit 回归，得到参数估计结果如表 4 - 15 所示。

表 4 - 15　菜农信息认知的参数估计

		估计	标准误	Wald 值	Sig. 值
阈值	［信息认知＝1］	−1.679	0.423	15.774	0.000
	［信息认知＝2］	−0.793	0.406	3.824	0.051
	［信息认知＝3］	0.127	0.403	0.099	0.753
	［信息认知＝4］	1.415	0.409	11.982	0.001
位置	AGE	−0.041	0.077	0.281	0.596
	EDU	0.070	0.081	0.763	0.382
	BODY	0.243	0.213	1.297	0.255
	NUM	−0.156	0.064	5.963	0.015
	EXPR	0.058	0.048	1.452	0.228
	INCOM	0.150	0.134	1.261	0.261
	CORP	−0.003	0.140	0.000	0.983
	TRAIN	0.596	0.140	17.980	0.000

（4）影响菜农信息获取的显著性因素

为了得到影响菜农信息获取的显著因素，通过 SPSS 19.0 进行有序 Probit 回归，得到参数估计结果如表 4-16 所示。

表 4-16　菜农信息获取的系数估计

		估计	标准误	Wald 值	Sig. 值
阈值	［信息获取＝1］	−1.866	0.433	18.542	0.000
	［信息获取＝2］	−1.043	0.410	6.478	0.011
	［信息获取＝3］	−0.120	0.405	0.087	0.768
	［信息获取＝4］	1.135	0.409	7.717	0.005
位置	AGE	0.000	0.077	0.000	0.995
	EDU	0.020	0.081	0.064	0.801
	BODY	0.313	0.214	2.153	0.142
	NUM	−0.100	0.064	2.440	0.118
	EXPR	−0.011	0.048	0.057	0.812
	INCOM	0.063	0.135	0.218	0.641
	CORP	0.000	0.141	0.000	0.999
	TRAIN	0.557	0.141	15.598	0.000

（5）影响菜农信息使用的显著性因素

为了得到影响菜农信息使用的显著因素，通过 SPSS 19.0 进行有序 Probit 回归，得到参数估计结果如表 4-17 所示。

表 4-17　菜农信息使用的系数估计

		估计	标准误	Wald 值	Sig. 值
阈值	［信息使用＝1］	−1.976	0.420	22.110	0.000
	［信息使用＝2］	−1.029	0.403	6.523	0.011
	［信息使用＝3］	−0.036	0.400	0.008	0.929
	［信息使用＝4］	1.142	0.404	7.985	0.005

（续）

		估计	标准误	Wald 值	Sig. 值
位置	AGE	−0.002	0.076	0.001	0.979
	EDU	−0.009	0.080	0.012	0.915
	BODY	−0.001	0.212	0.000	0.997
	NUM	−0.105	0.063	2.754	0.097
	EXPR	0.023	0.047	0.236	0.627
	INCOM	−0.018	0.133	0.018	0.892
	CORP	−0.071	0.138	0.265	0.606
	TRAIN	0.474	0.138	11.820	0.001

(6) 影响菜农信息来源与获取渠道的显著性因素

调查分析发现，对于选择何种农药进行病虫害防治，主要是凭自我经验这单一信息来源或渠道的菜农占总样本的33％，为了考察影响菜农信息来源与获取渠道选择的因素，将菜农对于农药的选择主要是凭借自我经验设为0，其他方式为1，作为被解释变量，通过SPSS 19.0对处理过的调研数据进行二元Logit回归，得到参数估计如表4-18所示。

表 4-18 菜农信息渠道选择系数估计

变量	估计	标准误	Wald 值	Sig. 值
AGE	0.300	0.151	3.952	0.047
EDU	0.241	0.158	2.314	0.128
BODY	−0.198	0.416	0.227	0.634
NUM	−0.155	0.124	1.557	0.212
EXPR	−0.219	0.094	5.420	0.020
INCOM	0.102	0.260	0.153	0.696
CORP	0.780	0.275	8.017	0.005
TRAIN	−0.547	0.270	4.107	0.043
Constant	−0.583	0.784	0.553	0.457

对回归方程进行拟合检验，发现有的回归分析的模型似然比检验中的卡方统计量的显著性小于 0.005，拟合优度检验中的 Pearson 检验显著性大于 0.05，表示模型给出了较好的预测结果，数据和模型预测是相似的，但是有些回归方程的拟合检验结果表明不显著，说明数据和模型预测不符，需要做进一步处理。

4.5 基于结构方程模型的验证

（1）自变量间的相关性分析

通过变量间的相关分析发现，解释变量间存在一定程度上的自相关，各自变量间的相关系数如表 4 - 19 所示。考虑到自变量间的相关性，以及为了能够更好地显示各个自变量对菜农信息意识的影响路径，需要根据自变量间的相关系数，将相关性较大的自变量间设为相关。

表 4 - 19 自变量的相关系数

路　径	估计	标准误	C. R. 值	P 值
AGE↔EDU	−0.281	0.047	−6.001	＊＊＊
AGE↔BODY	−0.038	0.015	−2.545	0.011
AGE↔NUM	0.297	0.056	5.278	＊＊＊
AGE↔EXPR	0.331	0.071	4.640	＊＊＊
AGE↔CORP	−0.046	0.021	−2.157	0.031
AGE↔TRAIN	−0.066	0.024	−2.759	0.006
EDU↔BODY	0.059	0.015	3.984	＊＊＊
EDU↔NUM	−0.174	0.051	−3.404	＊＊＊
EDU↔EXPR	−0.145	0.063	−2.311	0.021
EDU↔TRAIN	0.087	0.023	3.853	＊＊＊

（续）

路 径	估计	标准误	C. R. 值	P 值
NUM↔BODY	−0.049	0.017	−2.792	0.005
TRAIN↔BODY	0.019	0.008	2.466	0.014
NUM↔EXPR	0.303	0.080	3.784	＊＊＊
NUM↔TRAIN	−0.063	0.027	−2.338	0.019
EXPR↔INCOM	0.152	0.037	4.131	＊＊＊
INCOM↔TRAIN	0.029	0.012	2.415	0.016
CORP↔TRAIN	0.057	0.013	4.506	＊＊＊

注：＊＊＊表示 P＜0.001 的显著性。

各变量对菜农信息意识的影响采用结构方程模型中的 MIM-IC 模型进行验证，利用 AMOS 20.0 软件分析得到标准化系数估计图 4 - 1。

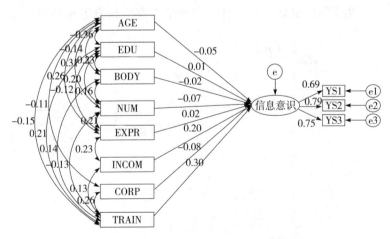

图 4 - 1 菜农信息意识标准化系数估计图

模型的系数估计结果如表 4 - 20 所示。

表 4 - 20　菜农信息意识的系数估计

路　　径	估计	标准误	C. R. 值	P 值
信息意识 ← AGE	−0.039	0.055	−0.713	0.476
信息意识 ← EDU	0.008	0.058	0.132	0.895
信息意识 ← BODY	−0.047	0.154	−0.306	0.760
信息意识 ← NUM	−0.046	0.046	−1.002	0.316
信息意识 ← EXPR	0.013	0.034	0.380	0.704
信息意识 ← INCOM	0.302	0.098	3.098	0.002
信息意识 ← CORP	−0.120	0.100	−1.202	0.229
信息意识 ← TRAIN	0.453	0.104	4.376	＊＊＊
YS1 ← 信息意识	1.000	—	—	—
YS2 ← 信息意识	1.069	0.105	10.176	＊＊＊
YS3 ← 信息意识	0.993	0.099	10.057	＊＊＊

注：＊＊＊表示 P＜0.001 的显著性。

（2）各变量对菜农信息需求的影响路径

为了能够更好地显示各个自变量对菜农信息需求的影响路

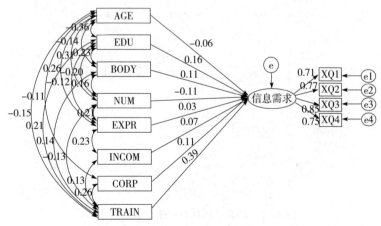

图 4 - 2　菜农信息需求标准化系数估计图

径，将相关性较大的自变量间设为相关，利用 AMOS 20.0 软件对模型进行分析，得到 MIMIC 模型标准化系数估计图4 - 2。

模型的系数估计结果如表 4 - 21 所示。

表 4 - 21　菜农信息需求的系数估计

路　　径	估计	标准误	C. R. 值	P 值
信息需求 ← AGE	−0.049	0.052	−0.926	0.354
信息需求 ← EDU	0.148	0.055	2.665	0.008
信息需求 ← BODY	0.298	0.147	2.027	0.043
信息需求 ← NUM	−0.082	0.044	−1.879	0.060
信息需求 ← EXPR	0.020	0.033	0.603	0.547
信息需求 ← INCOM	0.123	0.091	1.351	0.177
信息需求 ← CORP	0.183	0.095	1.930	0.054
信息需求 ← TRAIN	0.657	0.101	6.474	＊＊＊
XQ1 ← 信息需求	1.000	—	—	—
XQ2 ← 信息需求	1.105	0.091	12.197	＊＊＊
XQ3 ← 信息需求	1.289	0.097	13.252	＊＊＊
XQ4 ← 信息需求	1.052	0.088	11.980	＊＊＊

注：＊＊＊表示 $P < 0.001$ 的显著性。

（3）各变量对菜农信息认知的影响路径

为了能够更好地显示各个自变量对菜农信息认知的影响路径，将相关性较大的自变量间设为相关，利用 AMOS 20.0 软件对模型进行分析，得到 MIMIC 模型标准化系数估计图4 - 3。

模型的系数估计结果如表 4 - 22 所示。

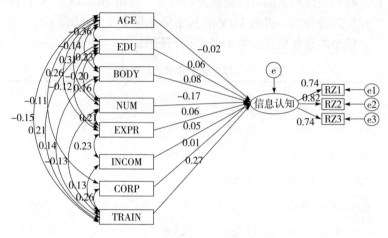

图 4-3 菜农信息认知标准化系数估计图

表 4-22 菜农信息认知的系数估计

路　　径	估计	标准误	C. R. 值	P 值
信息认知 ← AGE	−0.016	0.058	−0.274	0.784
信息认知 ← EDU	0.058	0.061	0.940	0.347
信息认知 ← BODY	0.200	0.163	1.226	0.220
信息认知 ← NUM	−0.132	0.049	−2.698	0.007
信息认知 ← EXPR	0.035	0.037	0.964	0.335
信息认知 ← INCOM	0.082	0.101	0.813	0.416
信息认知 ← CORP	0.025	0.105	0.242	0.809
信息认知 ← TRAIN	0.451	0.108	4.180	＊＊＊
RZ1 ← 信息认知	1.000	—	—	—
RZ2 ← 信息认知	1.077	0.093	11.599	＊＊＊
RZ3 ← 信息认知	0.939	0.084	11.237	＊＊＊

注：＊＊＊表示 P<0.001 的显著性。

（4）各变量对菜农信息获取的影响路径

为了能够更好地显示各个自变量对菜农信息获取的影响路径，将相关性较大的自变量间设为相关，利用 AMOS 20.0 软件对模型进行分析，得到 MIMIC 模型标准化系数估计图4-4。

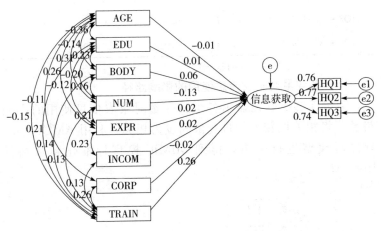

图4-4 菜农信息获取标准化系数估计图

模型的系数估计结果如表4-23所示。

表4-23 菜农信息获取的系数估计

路　径	估计	标准误	C.R.值	P值
信息获取 ← AGE	−0.010	0.059	−0.162	0.871
信息获取 ← EDU	0.010	0.062	0.163	0.870
信息获取 ← BODY	0.156	0.165	0.942	0.346
信息获取 ← NUM	−0.094	0.049	−1.907	0.057
信息获取 ← EXPR	0.012	0.037	0.316	0.752
信息获取 ← INCOM	0.039	0.103	0.377	0.706

（续）

路　　径	估计	标准误	C. R. 值	P 值
信息获取 ← CORP	−0.037	0.107	−0.342	0.733
信息获取 ← TRAIN	0.412	0.108	3.800	＊＊＊
HQ1 ← 信息获取	1.000	—	—	—
HQ2 ← 信息获取	0.947	0.085	11.187	＊＊＊
HQ3 ← 信息获取	0.981	0.089	11.060	＊＊＊

注：＊＊＊表示 P＜0.001 的显著性。

（5）各变量对菜农信息使用的影响路径

为了能够更好地显示各个自变量对菜农信息使用的影响路径，将相关性较大的自变量间设为相关，利用 AMOS 20.0 软件对模型进行分析，得到 MIMIC 模型标准化系数估计图 4 - 5。

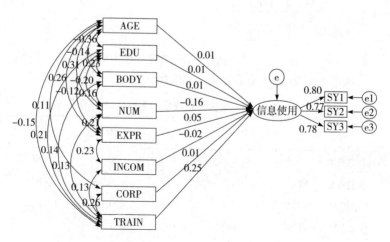

图 4 - 5　菜农信息使用标准化系数估计图

模型的系数估计结果如表 4 - 24 所示。

表 4-24 菜农信息使用的系数估计

路　　径	估计	标准误	C.R. 值	P 值
信息使用 ← AGE	0.006	0.069	0.089	0.929
信息使用 ← EDU	0.012	0.072	0.168	0.867
信息使用 ← BODY	-0.034	0.193	-0.176	0.860
信息使用 ← NUM	-0.140	0.058	-2.430	0.015
信息使用 ← EXPR	0.033	0.043	0.758	0.448
信息使用 ← INCOM	-0.032	0.120	-0.266	0.790
信息使用 ← CORP	0.016	0.124	0.125	0.901
信息使用 ← TRAIN	0.482	0.126	3.836	＊＊＊
SY1 ← 信息使用	1.000	—		
SY2 ← 信息使用	0.923	0.075	12.287	＊＊＊
SY3 ← 信息使用	0.865	0.070	12.374	＊＊＊

注：＊＊＊表示 P<0.001 的显著性。

通过拟合指标发现所有模型的各个拟合指标都达到了最优水平，说明数据和模型匹配良好，模型可以接受。

结果分析：

第一，通过上面的参数估计结果可以发现，是否有过培训经历对菜农的信息意识影响十分显著，这说明，菜农在经历过培训之后，更容易意识到信息的价值和重要性；另外菜农的收入来源即是否专业种植蔬菜变量对菜农的信息意识影响也较为显著，即越是专业种植蔬菜的菜农的信息意识越强。其他变量对菜农信息意识的影响并不显著，说明年龄、教育经历、家庭人口数量等因素与菜农的信息意识相关性较小。

第二，影响菜农信息需求的变量中，是否经历过培训对菜农的信息需求影响十分显著，培训经历对菜农信息需求的影响方向为正，说明培训的经历越多，菜农的信息意识越强，对信息的需求也越大；从回归系数上看，菜农的培训经历对信息需求的影响也最大。另外，家中人口数量对菜农的信息需求影响也比较显著（P＝0.007），但是影响为负方向，说明菜农家中的人口数量越多，对信息需求约少，原因十分明显，家庭成员的多少关系到能否接触到更多的信息原，家庭成员越多，内部的交流机会也越多，势必会影响菜农的信息需求。在对菜农的教育经历分段后有序回归发现，教育经历在初中和高中阶段对菜农的信息需求也显著影响，在考虑到自变量的相关性后，菜农的身体状况对菜农的信息需求也显著影响。

第三，从影响菜农信息认知的显著因素看，大部分变量对于菜农信息认知的影响都没有明显的统计意义，其中具有明显统计意义的变量只有家庭人数和是否有过培训经历，家庭人口数量的参数估计为负值，说明家庭人口数量的增加对于菜农的信息认知提升具有反向的显著作用，在中国当前的经济压力下，是否是因为人口数量的增加带来的经济压力导致菜农无暇顾及信息，需要进一步考证。回归结果显示，种植时间越长并不能提升菜农的信息能力水平，通过对菜农的种植时间进行分段（5年以下、6～10年、11～15年、16～20年、20年以上）回归发现，菜农只有在种植时间达到一定程度（分析表明，只有当菜农的蔬菜种植年限在16～20年这段时间内），种植时间的长短对菜农的信息能力水平具有正向的显著提升作用（P＝0.047）。相关研究已经表明，菜农的性别、年龄、受教育年限、外部培训等也会显著影响菜农对农药残留信息的认知（吴林海，2011；王建华，2014）；另外，菜农的文化程度、社会资本、与村民交流的频率、技术培训、菜农的信息获取渠道和菜农的耕种经验和习惯等因素显著影响菜农对生物技术信息的认知（储成兵，2013）。从研究献的结果看，本研究的回归结果与已有的研究结果是有差异的。

第四，从影响菜农信息获取的显著因素看，回归结果表明大部分变量对菜农信息获取的影响不具备统计学意义，只有是否有过培训经历对菜农的信息获取具有非常强的提升作用；理论上讲，教育经历和种植年限对于菜农的信息获取水平应该具有较强的提升作用，被教育时间越长、种植时间越长（种植经验越丰富），应该越懂得如何去获取信息，通过对这两个变量进行分段分析发现，受教育经历在初中和高中阶段教育经历对于信息获取具有较强的提升作用（P＝0.04 和 P＝0.05），而种植时间在10~15 年的对信息获取具有较强的提升作用（P＝0.011）。在考虑到自变量间的相关性后，菜农的家庭人口数量对菜农信息获取的影响也较为显著。

　　第五，从影响菜农信息使用的显著因素看，是否经历过培训变量对菜农的信息使用水平具有显著的提升作用；另外家庭人口数量对于菜农信息使用水平的提升具有一定的显著作用。通过对各个变量进行分段，分析结果表明其他变量对菜农信息使用水平的提升都不明显，不具有显著的统计学意义。

　　第六，影响菜农是否主要凭借自我经验这一单一信息获取渠道的显著因素有年龄、种植时间的长短、是否参加合作社和培训经历。根据全信息理论，年龄越大的菜农，其阅历越多，经验越丰富，因而对自我经验越自信，在农药选择上越偏向于自我经验，但是分析结果显示年龄对因变量的影响方向为正，似乎说明年龄越大越倾向于使用其他信息渠道而不是自我经验。对样本按照是否有过培训经历、是否参加合作社进行分类，通过多次的回归分析发现年龄变量对信息渠道选择的影响在各个类别中的回归方程中都不显著，对样本进行交叉变量分析发现有过培训经历的菜农年龄相对较小，通过相关分析发现年龄变量和培训经历变量显著负相关，因此可以判断，培训经历作为年龄变量和信息渠道选择的一个混淆变量起作用，并非年龄越大越倾向于使用其他信息渠道而不是自我经验。一般而言，菜农种植蔬菜的种植年限越长，对个人过去既定经验的依赖性越强（魏欣等，2012；贾雪莉，2011），因为菜农种植蔬菜的时间越长，对病虫害的防治经验越丰富，因此很显然会凭借自我经验去选择何种农药，无需去咨询其他相关人员。回归结果显示菜农的种植年限对因变量是负向影响，说明种植年限越长，信息来源越倾向于自我经验而不是其他方式。通过对样本进行分类，在非专业种植蔬菜的108份样本中，种植年限对农药品种选择的影响是不显著的，但在专业种植蔬菜的198份样本中，种植年限对因变量的影响是负向显著的。另外对不同年龄阶段的样本进行分类，通过分析发现在40～60岁的样本中，种植年限对因变量的影响是显著的，说明年龄不是种植年限与信息渠道选择的混淆变量（由于回归估计系数表格太多，在此省略）。的确是种植年限越长，菜农越倾向于凭借自我经验而不是采用其他渠道。培训经历对菜农是否单纯凭借自我经验去判断使用何种农药的影响也是比较显著，影响方向为负值，这说明培训经历越多，菜农其他渠道去判断使用何种农药的程度越低，菜农在使用自我经验这一信息渠道来选用农药品种的频次比例占到1/3，从理论上讲，培训经历作为菜农权威的外部信息刺激，会对菜农的认知锚定和认知调整都会产生正向的显著影响。一方面培训会对菜农的自我经验有负向的显著影响，权威的外部信息会对菜农的自我经验产生新的冲击，菜农会认知到自我经验上的诸多缺陷；另一方面，菜农一旦获取到权威信息后会对自我经验产生自信，会更容易倾向于凭借自我经验去决策。菜农是否加入合作社对于菜农的信息选择来源和渠道也应该是显著的原因在于，根据组织性行为学理论，处于群体性组织中的个体越容易感受到外界的压力信息，那么从影响方向上看，加入合作社的菜农对信息的获取来源和渠道越容易不倾向于凭借自己的经验，分析结果却显示为正值，说明加入合作社的菜农更倾向于其他信息渠道，与理论分析一致。

4.6　小结

本章基于全信息理论利用加总量表法对菜农的信息意识、信息需求、信息认知、信息获取、信息使用水平和信息来源与渠道进行了测算和分析，并对菜农信息意识、信息需求、信息认知、信息获取和信息使用水平的影响因素进行了分析。

分析结果表明：菜农的信息意识、信息需求、信息认知、信息获取、信息使用水平较高，但是菜农的信息来源和渠道单一且主要以传统渠道为主；影响菜农信息意识、信息需求、信息认知、信息获取、信息使用与信息获取来源和渠道的因素中，培训经历因素都是显著的，除了信息来源和渠道在 $P<0.05$ 的水平上显著外，其他都在 $P<0.001$ 的水平上显著，这说明培训经历对于菜农信息获取的重要性，同时也说明菜农接受的培训属于有效培训。

第五章 菜农信息能力对锚定调整的影响

5.1 菜农锚定心理模型

根据华中师范大学心理学院徐富明和李斌的观点，对于锚定心理的研究，可以从人类的认知信息加工角度去解析锚定决策的形成过程，这样不但可以更好地理解锚定效应的内部认知形成机制，且能据此制定相应对策帮助减少锚定偏差（李斌，2010）。菜农对农药的认知往往受以往经验的约束而成为一种惯性或定势，或者是由于外部的信息给菜农提供了一个初始的锚定值，即菜农的认知会自发产生一个初始的锚定值或者外部信息给菜农提供了一个初始的锚定值，不管这种信息是真实信息还是虚假信息（曲琛，2008a，2008b），形成了菜农心理上的锚定。按照心理学理论，菜农对信息的分析往往采用双系统即基于直觉的启发式系统和基于理性的分析系统（孙彦，2007；王晓庄，2009，2013），不管采用何种分析系统，菜农在获取到新的相关信息后会对自己的心理产生影响，并不断地调整认知判断，这一形成过程可用Petrov 等（2005）提出的锚定模型来表示（图 5 - 1）。

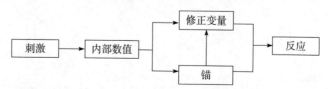

图 5 - 1 菜农锚定心理模型（Petrov&Anderson，2005）

通过图 5-1 的锚定心理模型可以发现，当外部刺激信息输入，菜农心理的认知系统会对这一刺激信息采用某一法则进行评估（运用的方式与认知风格有关），已有的锚定值会与之进行匹配，找到合适的锚后，就会以固有的锚作为输出，如果找不到合适的锚，那么就会在众多的锚集合中找到接近的锚作为锚定点，通过修正机制对其修正调整，这样输出的反映就是集合了已有的锚和修正值的一个反应。每一次的外界输入都会重复这样的过程，随着输入刺激的次数增多和强度的加大，菜农的输出就会不断地调整。如果修正机制发挥的作用不大或者每次的输入信息都会有无差异的锚与之对应，那么菜农的锚定心理就不会有多大的变化，因而锚定心理的调整就不充分，这一模型与前面的信息获取原理是融合的。

基于此，本章从考察菜农的认知锚定和认知调整表现入手，验证菜农信息能力对认知调整、主观规范和知觉行为控制的影响，揭示信息能力对锚定调整所起到的作用。

5.2　菜农认知锚定与认知调整

5.2.1　菜农认知锚定表现

相关文献研究表明：菜农在购买农药时首要考虑的是防治效果（李明川，2008），似乎越毒效果越好，几乎不考虑是否会对农产品的质量安全产生影响。即使政府给予补贴，菜农也不愿意选择生物农药，主要是因为生物农药见效较慢，难以快速控制突发性的病虫害（雷玲，2012）。菜农种植蔬菜使用违禁农药如甲胺磷和敌敌畏等依然存在（谢惠波，2005），以致多种农药残留现象也比较普遍（张俊，2004）；过量使用农药以求取得更好的防治效果成为一种普遍现象，似乎使用量越多，越能控制住病虫害。菜农配兑农药方法随意，不严格按照农药使用说明用量，往往采用估计方法，根据经验在药瓶标签说明用量基础上加大农药用量，达到防治病虫害的目的。这一现象不仅在中国如此，Abhilash 等（2009）通过调查研究发现，随意配比农药而导致农药过量施用的问题也经常出现在印度菜农中，贫困地区的部分菜农仍然存在施用禁用农药的行为。菜农在长期的蔬菜种植过程中，对于种植技术、病虫害防治技术都有一定的认知经验，在单位面积上对农药的投入量也基本保持不变；菜农对于用药期有从众心理，不管是否有病虫害发生，邻居及周围菜农施药自己就开始施药，甚至每隔几天施一次药，根本不遵守安全间隔期的规定，大部分菜农不了解安全间隔期的重要意义。有些菜农虽然知道什么是农药的安全间隔期，但却不按安全间隔期用药，今天打药明天采摘上市现象时常发生（朱雪兰，2013）。对于隔多长时间施用农药，菜农在蔬菜种植中也会总结出自我经验，因此一般都有固定的农药使用间隔期。另外，菜农对于剩余药液药袋的处理极不规范，直接将包装物丢弃在田间，剩余药液及清洗喷雾器残液重新喷在种植作物上，或将其倒入田间地沟，甚至直接将其倒入池塘（娄博杰，2014），造成土壤、水环境的污染。针对以上菜农的锚定认知，结合本研究的实际需要，对菜农的认知锚定和认知调整做了调查。

（1）农药的购买量

通过对菜农单位面积上的农药投入量进行调研发现，针对"每年每单位面积上的农药购买量（买多少农药）基本不变"这一问题，有 4.6% 的菜农表示十分不认同，有 23.5% 的菜农表示比较不认同，有 22.5% 的菜农表示一般认同，有 28.1% 的菜农表示比较认同，有 21.2% 的菜农表示十分认同，比较认同以上的菜农占到 49.4%，这反映出了菜农在农药投入量上，大多数保持固定。

（2）购买农药的地点

菜农对于购买农药的渠道也基本上会形成一个锚定认知，每年从何地以何种方式购买农药也不会发生多大变化。通过对菜农购买农药的调研发现，针对"购买农药的地点我基本不变"这一问题，有 4.2%的菜农表示十分不认同，有 20.6%的菜农表示比较不认同，有 22.9%的菜农表示一般认同，有 26.8%的菜农表示比较认同，有 25.5%的菜农表示十分认同，比较认同以上的菜农超过 50%，这反映出了菜农在购买农药的渠道上，大多数保持固定。

（3）农药品种

对于采用何种农药进行病虫害防治，菜农也会在蔬菜种植过程中总结出一种锚定认知，因而菜农对于购买的农药品种也不会发生太大变化。通过对菜农购买农药品种的调研发现，针对"防治病虫害的农药品种我基本不变"这一问题，有 5.9%的菜农表示十分不认同，有 26.1%的菜农表示比较不认同，有 22.9%的菜农表示一般认同，有 26.1%的菜农表示比较认同，有 19%的菜农表示十分认同，一般认同以上的菜农占到 68%，但是不认同的比例较农药投入量和农药购买渠道增多。

（4）农药使用量是否凭借自我经验

对于如何使用农药，菜农在蔬菜种植过程中也容易形成锚定认知，对于农药的属性、如何使用也会有一定的经验，因此在农药的使用上也容易凭借自我经验，通过对菜农农药使用量是否仅仅凭借自我经验进行调研发现，针对"每次打药用多少量我按照以前经验基本不变"这一问题，有 10.1%的菜农表示十分不认同，有 27.1%的菜农表示比较不认同，有 22.9%的菜农表示一般认同，有 19%的菜农表示比较认同，有 20.9%的菜农表示十分认同，比较认同以上的菜农占到 39.9%。从这方面看，菜农在农药使用量上的认知锚定并不是十分严重。

（5）农药使用间隔期

通过对菜农农药使用间隔期的调研发现，针对"农药使用间隔期我基本有固定的日期"这一问题，有 6.5% 的菜农表示十分不认同，有 19.3% 的菜农表示比较不认同，有 23.9% 的菜农表示一般认同，有 29.7% 的菜农表示比较认同，有 20.6% 的菜农表示十分认同，一般认同以上的菜农占到 50.3%。

（6）农药稀释比例

通过对菜农农药稀释比例的调研发现，针对"农药和水的搀兑比例我基本不变"这一问题，有 5.2% 的菜农表示十分不认同，有 26.8% 的菜农表示比较不认同，有 21.2% 的菜农表示一般认同，有 24.2% 的菜农表示比较认同，有 22.5% 的菜农表示十分认同，一般认同以上的菜农占到 46.7%。

（7）农药废弃物的处理

通过对菜农农药废弃物如何处理的调研发现，针对"打完农药后如何处理剩余农药和废弃药瓶等行为我基本不变"这一问题，有 4.6% 的菜农表示十分不认同，有 14.4% 的菜农表示比较不认同，有 18.3% 的菜农表示一般认同，有 29.4% 的菜农表示比较认同，有 33.3% 的菜农表示十分认同，比较认同以上的菜农占到 62.7%。

另外，由于菜农对农药的使用形成锚定认知，因而在使用农药时也习惯不看说明书，但是从这问题的回答来看，菜农在这方面的认知锚定现象并不是十分明显。

5.2.2　菜农认知锚定的原因

菜农在对农药的相关属性和使用的认知过程中，由于自身主观因素的介入，使得其对于农药的认知以及农药使用方面的认知会形成锚定效应，从心理学视角看，这些锚定现象是菜农在认知过程中受到某些特殊认知规律的影响形成的特殊反应，当然，锚定初始值可能是菜农自发产生的，也可能是由外部信息提供的（曲琛，2008），总体上说，菜农的认知锚定主要归因于以下几个心理学上的效应。

（1）首因效应

首因效应又称为第一印象效应。菜农在初次接触农药或者初次使用农药时，初次的印象首先存入认知记忆，并且由于相关信息在菜农认知记忆中的有限性，导致初次印象往往深刻，因此初次印象便在有限的信息基础上形成了菜农对农药使用的整体印象，并且成了菜农对农药相关认知的初始锚。初始信息形成的这一初始锚对菜农的整体认知乃至后续认知起到主要的影响作用，即首因作用。对于一种农药的效果，初次的好印象往往决定了菜农以后是否决定继续使用这种农药的概率，以后即使偶尔出现这种农药防治效果不理想的现象，菜农也会从好的着眼点对这种农药的防治效果进行心理上的辩护，除非在以后的使用中经常出现不如意的现象，那么菜农对这种农药防治效果的认知才会逐步调整，直至改变对这种农药的认知。受首因效应的影响，菜农的农药使用行为也是一个渐近的演化过程，因此在短时间内不会突变。一旦菜农的种植时间达到一定的程度，菜农的认知即由受首因效应影响转变为受近因效益影响。

（2）近因效应

近因即最后的印象，近因对菜农的认知影响是在首因效应发生调整的基础上。如果菜农对某种农药防治效果的认知发生了变化，即在首次使用后的过程中由于出现的种种问题使得菜农对于该种农药的认知发生了调整，那么菜农的认知就会受到近因效应的影响，在接下来的认知评价是基于上次即离当前最近的前期认知基础上的判断。随着菜农种植经验的丰富，首因效应对菜农的认知影响会逐渐被近因效应取代，对于种植时间不长的菜农来说，首因效应起到主导作用，对于种植时间较长的菜农来说，近因效应起到主导作用，但是不管何种效应起到主导作用，对于菜农的认知锚定都产生影响，因而出现锚定现象。

（3）刻板效应

刻板印象是人们对某一问题的一种概括而固定的看法。菜农在蔬菜种植过程中，尤其是自我认为对于如何种植蔬菜、如何进行病虫害防治有了一个大概的自信认知后，就会对每个问题有一个定型的刻板印象。就主观方面来说，菜农的种植经验是菜农形成刻板印象的重要影响因素，第一印象形成刻板印象的基础；就客观方面来说，菜农的经济因素、群体间的竞争和社会学习等外部因素对菜农的刻板印象也会有影响。因此类似的生理特征、处于同一生产区域、相同的社会文化背景，菜农的农药使用行为会出现某种类似。从这个原因视角看，菜农普遍过量使用农药导致农药残留问题严重，或者使用剧毒农药进行病虫害防治导致严重的质量安全问题，这不是单个菜农的问题，应该是其幕后推手的问题。对于菜农来说，刻板印象有积极作用，由于刻板印象是固定的、概括化的看法，它可以帮助菜农缩短相关知识的认识时间，提高生产效率；刻板印象也有消极作用，容易导致菜农认知的锚定，从而生产行为难以短时间改变，一旦这种锚定认知是有害的，也不容易纠正。

（4）晕轮效应

晕轮效应主要指的是通过某一方面的知觉印象，对整个客体的全部作出评价。比如菜农对生物农药防治效果的认知，由于菜农在使用过某一种生物后觉得效果不明显，容易造成对所有的生物农药的认知以偏概全，认为凡是生物农药都是缺乏效率的，因此对于生物农药的使用怀有抵触情绪。由于某些农药随着使用量的增加会使得防治效果有所提高，导致菜农锚定的认为所有农药使用量越大防治效果越好；由于某些毒性强的农药，防治效果有所提高，导致菜农锚定的认为所有农药毒性越强防治效果越好。

5.2.3　菜农认知调整

当菜农获取的信息对于认知产生足够大的影响时，菜农的认知势必会产生变化，尤其是随着近些年对于农产品质量安全问题的热议，菜农对于农药残留、农药对健康和环境的污染、绿色食品等问题的认知也有了改变。

（1）菜农对农药残留认知的调整

通过对菜农农药残留认知的调研发现，针对"与五年前相比，我越来越清楚地认识到农药会在蔬菜上有残留"① 这一问题，有 2.6% 的菜农表示十分不认同，有 4.9% 的菜农表示比较不认同，有 19% 的菜农表示一般认同，有 31.7% 的菜农表示比较认同，有 41.8% 的菜农表示十分认同，比较认同以上的菜农占 73.5%。

（2）菜农对农药残留的健康危害认知的调整

通过对菜农农药残留的健康危害认知的调研发现，针对"与五年前相比，我越来越清楚人们吃了有农药残留的蔬菜对健康是有危害的"这一问题，有 1% 的菜农表示十分不认同，有 4.9% 的菜农表示比较不认同，有 18% 的菜农表示一般认同，有 28.8% 的菜农表示比较认同，有 47.4% 的菜农表示十分认同，比较认同以上的菜农占 76.2%。

（3）菜农对农药的环境污染认知的调整

通过对菜农在农药环境污染认知方面的调研发现，针对"与

---

① 选用五年作为时间段是考虑到国家规划时间一般为 5 年，在每个规划时间段上的政策等有偏重点，对人们的认知影响痕迹具有阶段性，且调研时间在 2015 年，正好是国家"十二五"规划的结尾年；但根据辽宁省信息中心的专家意见，信息的发布到更替时间段一般为 3 年，因此后续的调研将修改为近 3 年。

五年前相比，我越来越清楚地认识到喷施农药对环境有污染"这一问题，有1.6%的菜农表示十分不认同，有4.9%的菜农表示比较不认同，有21.2%的菜农表示一般认同，有32%的菜农表示比较认同，有40.2%的菜农表示十分认同，比较认同以上的菜农占72.2%。

（4）菜农对替代农药认知的调整

通过对菜农替代农药认知的调研发现，针对"与五年前相比，我觉得应该研究更安全健康的农药来代替现在的农药"这一问题，有0.7%的菜农表示十分不认同，有4.6%的菜农表示比较不认同，有20.3%的菜农表示一般认同，有30.1%的菜农表示比较认同，有44.4%的菜农表示十分认同，比较认同以上的菜农超过74.5%。

（5）菜农对农药安全性认知的调整

通过对菜农在农药安全性方面的认知调研发现，针对"与五年前相比，我现在觉得农药安全比农药防治效果更重要"这一问题，有1.6%的菜农表示十分不认同，有6.2%的菜农表示比较不认同，有23.5%的菜农表示一般认同，有28.4%的菜农表示比较认同，有40.2%的菜农表示十分认同，比较认同以上的菜农占68.6%。

（6）菜农对绿色蔬菜认知的调整

通过对菜农对绿色蔬菜认知的调研发现，针对"与五年前相比，我觉得绿色蔬菜更容易卖高价"这一问题，有1.3%的菜农表示十分不认同，有6.2%的菜农表示比较不认同，有16%的菜农表示一般认同，有29.7%的菜农表示比较认同，有46.7%的菜农表示十分认同，比较认同以上的菜农占76.4%。

（7）菜农对食品安全关注度的认知调整

通过对菜农对食品安全关注度认知的调研发现，针对"与五年前相比，人们买菜对食品安全的关注程度越来越高"这一问题，有 2% 的菜农表示十分不认同，有 3.3% 的菜农表示比较不认同，有 16% 的菜农表示一般认同，有 22.2% 的菜农表示比较认同，有 50.6% 的菜农表示十分认同，比较认同以上的菜农占 72.8%。

5.2.4　菜农认知锚定与认知调整的影响因素

（1）变量的选取

由于考察的是影响菜农认知锚定和认知调整的因素，因此菜农的认知锚定程度和认知调整程度作为被解释变量。对于被解释变量的取值采用总加量表法，将菜农在各个问题上的得分进行求和加总，取平均值，然后根据最终的结果将菜农的认知锚定和认知调整程度划分为 5 类，非常强的赋值为 5，比较强的赋值为 4，一般的赋值为 3，比较弱的赋值为 2，非常弱的赋值为 1。对于解释变量的选择，根据前面的分析，影响菜农认知锚定和认知调整的因素主要体现在菜农的个体特征方面，包括菜农的年龄、身体状况、教育经历、种植时间的长短、是否加入合作社、是否专业种植蔬菜和家庭人口数量等，这些变量都有可能对菜农的锚定和认知调整产生影响。

（2）参数估计

通过运用 SPSS 19.0 对数据进行有序回归，得到菜农认知锚定影响因素的参数估计如表 5-1 所示。

表 5-1　菜农认知锚定影响因素的系数估计

		估计	标准误	Wald 值	显著性
阈值	［认知锚定=1］	−1.694	0.412	16.882	0.000
	［认知锚定=2］	−0.355	0.402	0.780	0.377
	［认知锚定=3］	0.519	0.402	1.668	0.197
	［认知锚定=4］	1.857	0.420	19.576	0.000

（续）

		估计	标准误	Wald 值	显著性
位置	AGE	−0.055	0.076	0.528	0.467
	EDU	−0.156	0.080	3.765	0.052
	BODY	−0.132	0.213	0.381	0.537
	NUM	0.081	0.063	1.635	0.201
	EXPR	−0.030	0.048	0.402	0.526
	INCOM	0.430	0.134	10.217	0.001
	CORP	0.149	0.139	1.158	0.282
	TRAIN	0.361	0.137	6.904	0.009

菜农认知调整影响因素的参数估计如表 5-2 所示。

表 5-2　菜农认知调整影响因素的参数估计（补充对数-对数）

		估计	标准误	Wald 值	显著性
阈值	[认知调整＝1]	−4.282	0.663	41.691	0.000
	[认知调整＝2]	−2.290	0.474	23.299	0.000
	[认知调整＝3]	−0.699	0.445	2.464	0.117
	[认知调整＝4]	0.708	0.441	2.575	0.109
位置	AGE	0.072	0.085	0.732	0.392
	EDU	0.134	0.089	2.252	0.133
	BODY	−0.100	0.232	0.185	0.667
	NUM	−0.235	0.070	11.230	0.001
	EXPR	−0.037	0.052	0.500	0.479
	INCOM	0.106	0.146	0.525	0.469
	CORP	0.005	0.155	0.001	0.973
	TRAIN	0.611	0.156	15.421	0.000

为了验证各变量对菜农认知锚定的影响路径，利用 AMOS

20.0 软件分析得到 MIMIC 模型标准化系数估计如图 5－2 所示。

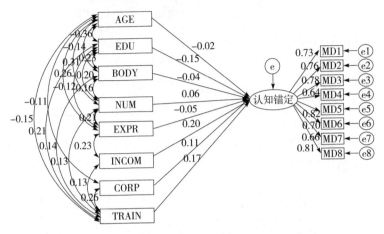

图 5－2　菜农认知锚定标准化系数估计图

模型的系数估计结果如表 5－3 所示。

表 5－3　菜农认知锚定的系数估计

路　　径	估计	标准误	C. R. 值	P 值
认知锚定 ← AGE	−0.014	0.062	−0.232	0.817
认知锚定 ← EDU	−0.149	0.066	−2.273	0.023
认知锚定 ← BODY	−0.130	0.174	−0.748	0.454
认知锚定 ← NUM	0.046	0.052	0.899	0.369
认知锚定 ← EXPR	−0.034	0.039	−0.877	0.380
认知锚定 ← INCOM	0.358	0.109	3.267	0.001
认知锚定 ← CORP	0.202	0.113	1.788	0.074
认知锚定 ← TRAIN	0.309	0.113	2.732	0.006
MD1 ← 认知锚定	1.000	—	—	—
MD2 ← 认知锚定	1.039	0.080	13.029	＊＊＊
MD3 ← 认知锚定	1.072	0.080	13.354	＊＊＊
MD4 ← 认知锚定	0.961	0.088	10.913	＊＊＊

（续）

路　径	估计	标准误	C. R. 值	P 值
MD5 ← 认知锚定	1.217	0.086	14.089	＊＊＊
MD6 ← 认知锚定	0.958	0.080	11.965	＊＊＊
MD7 ← 认知锚定	1.144	0.082	13.949	＊＊＊
MD8 ← 认知锚定	0.902	0.080	11.230	＊＊＊

注：＊＊＊表示 P＜0.001 的显著性。

为了验证各变量对菜农认知调整的影响路径，利用 AMOS 20.0 软件分析得到 MIMIC 模型标准化系数估计如图 5-3 所示。

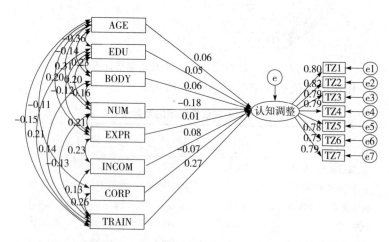

图 5-3　菜农的认知调整标准化系数估计图

模型的系数估计结果如表 5-4 所示。

表 5-4　菜农认知调整系数估计结果

路　径	估计	标准误	C. R. 值	P 值
认知调整 ← AGE	0.047	0.061	0.777	0.437
认知调整 ← EDU	0.054	0.064	0.846	0.398

（续）

路　　径	估计	标准误	C. R. 值	P 值
认知调整 ← BODY	0.133	0.171	0.777	0.437
认知调整 ← NUM	−0.157	0.051	−3.077	0.002
认知调整 ← EXPR	0.011	0.038	0.287	0.774
认知调整 ← INCOM	0.141	0.106	1.332	0.183
认知调整 ← CORP	−0.142	0.110	−1.285	0.199
认知调整 ← TRAIN	0.495	0.111	4.459	＊＊＊
TZ1 ← 认知调整	1.000	—	—	
TZ2 ← 认知调整	0.895	0.049	18.398	＊＊＊
TZ3 ← 认知调整	0.914	0.050	18.288	＊＊＊
TZ4 ← 认知调整	0.842	0.049	17.191	＊＊＊
TZ5 ← 认知调整	0.898	0.054	16.655	＊＊＊
TZ6 ← 认知调整	0.812	0.054	14.908	＊＊＊
TZ7 ← 认知调整	0.873	0.051	16.949	＊＊＊

注：＊＊＊表示 P＜0.001 的显著性。

通过拟合指标发现所有模型的各个拟合指标都达到了最优水平，说明数据和模型匹配良好，模型可以接受。

(3) 结果分析

第一，通过回归结果发现，影响菜农认知锚定的显著因素主要有是否专业种植蔬菜和是否有过培训经历，影响菜农认知调整的显著因素主要有家庭人口数量和培训经历，其他变量都不具有统计学意义。通过对各个变量进行分段回归后发现，对菜农认知调整的影响因素中，除了家庭人口数量和培训经历外，教育经历变量在初中和高中段对菜农的认知调整具有显著影响。

第二，对回归结果进一步分析发现：影响菜农锚定的显著因素有是否专业种植和培训经历，影响方向都为正向，说明收入仅来源于蔬菜种植即专业种植蔬菜的菜农锚定性越强，有培训经历的菜农锚定性越强；影响菜农认知调整的显著因素有家庭人口数量和培训经历，家庭人口数量对认知调整的影响方向为负，说明家庭人口数量越多，菜农认知调整的强度越低，原因可能是家庭成员越多的菜农家庭，越容易成为一个由众多成员组成的群体性组织，个体的认知程度受群体组织的影响较大，要想改变某一个体的认知实质是对于群体组织认知的改变，因而困难较大；但是培训经历对菜农认知调整的影响方向为负，说明有培训经历的菜农认知调整越强。结合影响菜农认知锚定的显著因素看，这二个回归结果之间似乎存在矛盾，即有过培训经历的菜农认知锚定程度越强，认知调整程度也越强。从信息能力对锚定调整的作用机理看，如果菜农获取的信息足够权威、信息强度足够大，那么势必对菜农的心理产生强烈变化，产生两个效应：其一，如果这种权威的刺激信息与自我内心认同一致，那么会加深这种认知，甚至会升华成为菜农内心的一种信念，这成为菜农内心轻易不会改变的内部旧锚，因而对认知锚定有正向作用对认知调整有负向作用；如果这种权威的刺激信息与自我认同不一致，那么菜农获取的刺激信息会对其内心认知等产生调整作用，在刺激信息足够权威，强度足够大情况下，刺激信息会取代菜农的内部旧锚成为一种新的内部锚，因而刺激信息对认知锚定有负向作用对认知调整有正向作用。所以，如果将培训看作菜农获取权威刺激信息的载体，那么培训经历对菜农的认知锚定和认知调整的影响要么是正向影响认知锚定负向影响认知调整；要么是负向影响认知锚定正向影响认知调整。

第三，产生上述培训经历同方向影响菜农认知锚定和认知调整的原因无非有两种情况：第一是调研数据的失真，由于伪造数据或者擅自修改数据导致；第二是调研问卷设计上的原因。调研数据方面，为了能够保证数据的有效性，从抽样方法、对问卷问题的询问方法都邀请相关专家一起论证，对数据的录入做了详细的培训工作，并且对问卷都做一编号，以便对录入数据和原始数据进行核对，并且通过效度和信度分析表明，数据具有良好的信度和效度，应该说调研数据具有较高的可信度。通过对调研问卷测量问题的分析发现，产生这种看似矛盾结果的原因在于调研问卷中的测量项目。由于菜农的认知变化需要一定的时间跨度，很难针对所有调查样本中的每一位菜农进行长达数年甚至十几年的长期跟踪调查，因此将样本数据调研成面板数据的难度非常大。为了解决这一问题，课题组在问卷设计上咨询了中国农业大学、沈阳农业大学等学校的相关专家，以变通的方式用截面数据来测量出菜农的认知变化程度，比如菜农对农药残留危害认知的调整程度，通过对菜农询问"与五年前相比，我越来越清楚人们吃了有农药残留的蔬菜对健康是有危害的"这一问题的认同程度，测算出菜的农认知调整程度，而对菜农锚定程度的测算是基于调研时间截点上的数据。因此，从动态的观点来看，培训经历作为权威的刺激信息，首先对菜农的认知调整产生显著影响，且由于这种权威的刺激信息与菜农的自我认知旧锚不一致，刺激信息取代菜农内心的认知旧锚成为一种新的内部锚，因而菜农获取的刺激信息会对其认知调整产生正向作用，但是菜农通过培训获取的刺激信息在对认知产生正向调节作用后，又会形成新的认知锚定，因而从回归分析结果看，培训经历会对菜农的认知锚定有正向作用，有培训经历的菜农锚定程度越大。以上过程可以表述为信息获取→认知调整→认知锚定，培训经历对认知调整和认知锚定都起到了正向显著作用。因此，回归结果非但与理论分析不矛盾，反而验证了理论分析。

5.3　信息能力对认知调整的影响

行为转变中的知信行模式表明，菜农信息能力对菜农的态度和信念会产生影响。根据信念和态度的构成，认知层面排在最前先，菜农的锚定心理发生变化应该首先由认知调整开始。根据计划行为理论，决定行为的关键因素除了态度这一因素外，还包括主观规范和知觉行为控制。基于此，本部分首先考察菜农信息能力对认知调整的作用，然后再考察信息能力对主观规范和知觉行为控制的影响，以此揭示信息能力对菜农锚定调整的作用。

5.3.1 验证性因子分析

（1）信息能力各因子间相关性分析

菜农的信息能力广义上包含了信息意识、信息需求、信息认知、信息获取和信息使用，为了验证信息能力对锚定调整的作

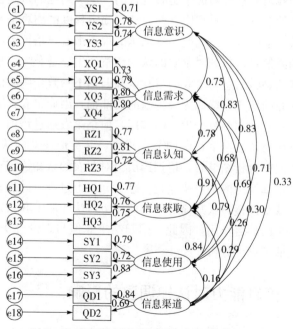

图 5-4　验证性因子分析标准化系数估计图

用，首先需要对各个因子的相关性进行因子验证。通过运用 A-MOS 20.0 软件对信息能力各个潜变量进行验证性因子分析，得到验证性因子分析的标准化系数估计如图 5-4 所示。

模型拟合结果显示：模型卡方值与自由度的比值小于 2，GFI 和 AGFI 指标值均大于或接近 0.9，RMR 指标满足小于 0.05 的标准，RMSEA 指标满足小于 0.1 的要求，接近 0.05 的最优水平，PCFI 和 PNFI 值均满足大于 0.5 的要求，NFI、RFI、IFI 和 CFI 指标都大于或接近 0.9，表明具有良好的拟合度，显示提出的模型与数据之间的拟合度可以接受。各项指标如表 5-5 所示。

表 5-5　测量模型的拟合度指标

绝对拟合度				简约拟合度		增值，离中拟合度			
GFI	AGFI	RMR	RMSEA	PCFI	PNFI	NFI	RFI	IFI	CFI
0.916	0.881	0.046	0.059	0.75	0.72	0.918	0.896	0.956	0.956

从回归系数的显著性看，除了信息渠道与信息认知和信息使用之间的回归系数不显著外，其他因子间的回归系数都十分显著，各个潜变量之间的回归系数如表 5-6 所示。

表 5-6　系数估计结果

路　　径	估计	标准误	C.R. 值	P 值
信息意识↔信息需求	0.494	0.062	7.938	＊＊＊
信息意识↔信息认知	0.432	0.055	7.920	＊＊＊
信息意识↔信息获取	0.465	0.057	8.126	＊＊＊
信息意识↔信息使用	0.428	0.056	7.675	＊＊＊
信息意识↔信息渠道	0.120	0.034	3.574	＊＊＊
信息需求↔信息认知	0.511	0.063	8.090	＊＊＊
信息需求↔信息获取	0.475	0.062	7.657	＊＊＊

（续）

路　　径	估计	标准误	C. R. 值	P 值
信息需求↔信息使用	0.524	0.066	7.995	＊＊＊
信息需求↔信息渠道	0.136	0.039	3.463	＊＊＊
信息认知↔信息获取	0.500	0.060	8.409	＊＊＊
信息认知↔信息使用	0.477	0.058	8.186	＊＊＊
信息认知↔信息渠道	0.094	0.031	3.070	0.002
信息获取↔信息使用	0.536	0.062	8.608	＊＊＊
信息获取↔信息渠道	0.113	0.034	3.347	＊＊＊
信息使用↔信息渠道	0.068	0.032	2.122	0.034

注：＊＊＊表示 P＜0.001 的显著性。

（2）模型的修正

根据表 5-6，由于信息渠道和其他潜变量间的 C. R. 值都相对较小，信息渠道与信息认知和信息使用间相关系数显著性不高，且通过模型修正指数表 5-7 看，信息渠道因子以及信息渠道观测指标（QD1，QD2）与信息使用观测指标"种植蔬菜信息的使用"（SY2）相关性较大，理论上看确实也存在相关性，且考虑到菜农的信息获取来源和渠道比较单一，因而删除信息渠道因子，对模型进行修正。

表 5-7　模型修正指数

路　　径	修正指标	对应关系变化
QD2 ← XQ2	4.105	−0.059
SY1 ← QD2	5.319	0.142
SY2 ← 信息渠道	22.212	−0.497
SY2 ← QD1	19.409	−0.209
SY2 ← QD2	15.318	−0.251

（续）

路　　径	修正指标	对应关系变化
SY2 ← HQ1	5.633	−0.109
SY2 ← RZ1	4.081	−0.088
SY2 ← YS1	4.188	−0.090
SY3 ← 信息渠道	4.439	0.184
SY3 ← QD1	5.455	0.092
SY3 ← XQ4	4.515	0.073
HQ1 ← RZ3	4.191	0.083
HQ1 ← XQ1	5.809	0.086
HQ1 ← XQ2	4.454	0.074
HQ2 ← 信息需求	4.412	−0.094
HQ2 ← XQ1	9.175	−0.102
HQ2 ← XQ2	7.119	−0.088
HQ2 ← XQ3	6.480	−0.080
HQ2 ← YS1	5.667	0.086
HQ3 ← SY2	6.858	0.099
XQ2 ← QD2	6.154	−0.155
XQ2 ← YS1	4.323	−0.089
XQ3 ← SY3	6.202	−0.116
XQ4 ← 信息渠道	4.792	0.214
XQ4 ← QD1	4.207	0.091
XQ4 ← QD2	4.187	0.122
XQ4 ← HQ2	4.700	0.100
YS1 ← HQ2	7.822	0.137
YS1 ← XQ2	5.430	−0.093

通过 AMOS 20.0 软件对模型的进一步修正，得到模型标准

化系数估计如图5-5所示。

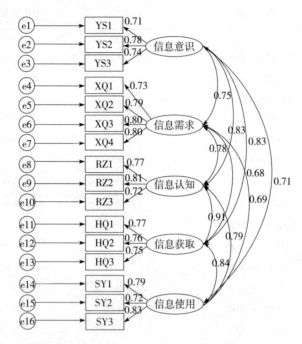

图5-5　验证性因子分析标准化系数估计图

模型拟合结果显示：模型卡方值与自由度的比值小于2，各个拟合指标均在可接受范围，尤其是在个别指标上有了进一步的优化，表明具有良好的拟合度，因此总体来看模型适配度尚可。各项指标如表5-8所示。

表5-8　测量模型的拟合度指标

	绝对拟合度				简约拟合度		增值，离中拟合度			
GFI	AGFI	RMR	RMSEA	PCFI	PNFI	NFI	RFI	IFI	CFI
0.924	0.891	0.044	0.059	0.754	0.729	0.931	0.911	0.963	0.962

回归系数的估计结果显示，所有潜变量间的回归系数是十分

显著的，各个潜变量之间的回归系数如表 5 - 9 所示。

表 5 - 9　系数估计结果

路　　径	估计	标准误	C. R. 值	P 值
信息意识↔信息需求	0.492	0.062	7.921	＊＊＊
信息意识↔信息认知	0.432	0.055	7.920	＊＊＊
信息意识↔信息获取	0.465	0.057	8.126	＊＊＊
信息意识↔信息使用	0.430	0.056	7.690	＊＊＊
信息需求↔信息认知	0.508	0.063	8.072	＊＊＊
信息需求↔信息获取	0.473	0.062	7.643	＊＊＊
信息需求↔信息使用	0.524	0.066	7.994	＊＊＊
信息认知↔信息获取	0.501	0.060	8.409	＊＊＊
信息认知↔信息使用	0.480	0.059	8.205	＊＊＊
信息获取↔信息使用	0.539	0.062	8.626	＊＊＊

注：＊＊＊表示 P＜0.001 的显著性。

通过模型修正指数表 5 - 10 发现，个别潜变量的观测变量的残差变量具有较高的相关性，根据实际的问题选项发现，e1 和 e12 分别对应的观测变量是"农业信息的重要性"和"农药使用信息的获取水平"，e6 和 e16 对应的观测变量是"对培训信息的需求"和"农药信息对生产技术改进起到的作用"，e13 和 e15 对应的观测变量是"农药效果信息的获取使用"和"蔬菜种植信息的使用水平"，两个变量间的相关具有一定的理论依据，因此可以将其设为相关。

表 5 - 10　模型修正指数

路　　径	修正指数	对应关系变化
e15 ↔信息使用	4.311	0.058
e15 ↔e14	7.787	0.101

（续）

路　　径	修正指数	对应关系变化
e11↔信息使用	4.878	−0.055
e11↔信息认知	6.067	0.047
e11↔信息需求	8.705	0.081
e11↔信息意识	4.301	−0.046
e11↔e15	6.239	−0.084
e12↔信息需求	10.644	−0.085
e13↔信息使用	5.719	0.061
e13↔信息认知	4.398	−0.040
e13↔e15	8.351	0.099
e10↔e13	5.685	−0.073
e4↔e12	5.959	−0.078
e5↔e12	4.189	−0.062
e5↔e8	4.344	−0.070
e6↔e16	9.033	−0.095
e7↔e15	5.013	−0.081
e7↔e16	5.667	0.070
e7↔e12	4.751	0.064
e1↔信息获取	6.001	0.058
e1↔e12	13.819	0.115
e1↔e5	7.692	−0.102
e1↔e7	4.990	0.079
e3↔e10	4.977	0.070

通过 AMOS 20.0 软件对模型进一步修正，得到标准化系数估计如图 5-6 所示。

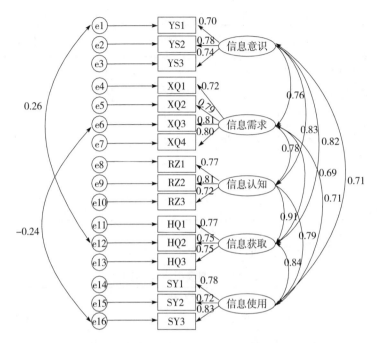

图 5-6　验证性因子分析标准化系数估计图

修正后的模型系数估计结果如表 5-11 所示。

表 5-11　系数估计结果

路　　径	估计	标准误	C. R. 值	P 值
信息意识↔信息需求	0.500	0.063	7.989	＊＊＊
信息意识↔信息认知	0.438	0.055	7.965	＊＊＊
信息意识↔信息获取	0.458	0.057	8.048	＊＊＊
信息意识↔信息使用	0.433	0.056	7.729	＊＊＊
信息需求↔信息认知	0.508	0.063	8.082	＊＊＊
信息需求↔信息获取	0.479	0.062	7.694	＊＊＊

（续）

路　　径	估计	标准误	C.R.值	P值
信息需求↔信息使用	0.534	0.066	8.106	＊＊＊
信息认知↔信息获取	0.506	0.060	8.425	＊＊＊
信息认知↔信息使用	0.481	0.058	8.233	＊＊＊
信息获取↔信息使用	0.528	0.062	8.512	＊＊＊
e1↔e12	0.124	0.034	3.682	＊＊＊
e6↔e16	−0.098	0.032	−3.019	0.003
e13↔e15	0.101	0.036	2.794	0.005

注：＊＊＊表示 P＜0.001 的显著性。

修正后的模型拟合指标如表 5-12 所示。

表 5-12　测量模型的拟合度指标

绝对拟合度				简约拟合度		增值，离中拟合度			
GFI	AGFI	RMR	RMSEA	PCFI	PNFI	NFI	RFI	IFI	CFI
0.938	0.908	0.042	0.051	0.738	0.715	0.942	0.924	0.974	0.973

通过表 5-11 和表 5-12 所示，提出的模型与数据之间的拟合度可以接受，总体来看模型适配度较好。

5.3.2　信息能力对认知调整影响的实证分析

（1）信息能力一维潜变量对认知锚定调整的作用

首先将信息能力作为一维潜变量来验证信息能力影响认知锚定调整，通过 AMOS 20.0 软件对模型拟合，得到模型标准化系数估计如图 5-7 所示。

通过参数估计表各个指标的临界比 C.R. 值可以看出，各个指标的临界比数值较大，表明观察指标对潜变量的解释性较好，参数估计如表 5-13 所示。

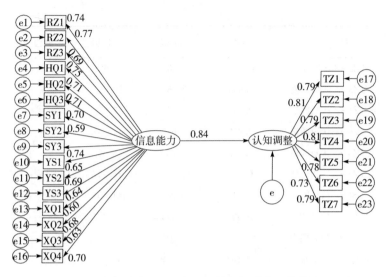

图 5-7　信息能力影响认知调整模型标准化系数估计图

表 5-13　系数估计结果

路　　径	估计	标准误	C. R. 值	P 值
认知调整 ← 信息能力	0.940	0.077	12.214	＊＊＊
SY3 ← 信息能力	1.000	—	—	—
SY2 ← 信息能力	0.860	0.084	10.240	＊＊＊
SY1 ← 信息能力	1.050	0.086	12.274	＊＊＊
HQ3 ← 信息能力	0.966	0.077	12.593	＊＊＊
HQ2 ← 信息能力	0.895	0.071	12.543	＊＊＊
HQ1 ← 信息能力	1.012	0.076	13.273	＊＊＊
RZ3 ← 信息能力	0.923	0.076	12.166	＊＊＊
RZ2 ← 信息能力	1.065	0.078	13.686	＊＊＊
RZ1 ← 信息能力	1.054	0.080	13.118	＊＊＊
TZ1 ← 认知调整	1.000	—	—	—

（续）

路　　径	估计	标准误	C. R. 值	P 值
TZ2 ← 认知调整	0.917	0.059	15.636	＊＊＊
TZ3 ← 认知调整	0.936	0.062	15.045	＊＊＊
TZ4 ← 认知调整	0.900	0.057	15.695	＊＊＊
TZ5 ← 认知调整	0.939	0.063	14.857	＊＊＊
TZ6 ← 认知调整	0.852	0.062	13.660	＊＊＊
TZ7 ← 认知调整	0.921	0.060	15.247	＊＊＊
YS1 ← 信息能力	0.917	0.081	11.357	＊＊＊
YS2 ← 信息能力	0.900	0.074	12.121	＊＊＊
YS3 ← 信息能力	0.847	0.075	11.293	＊＊＊
XQ1 ← 信息能力	0.833	0.079	10.483	＊＊＊
XQ2 ← 信息能力	1.003	0.089	11.326	＊＊＊
XQ3 ← 信息能力	1.026	0.093	11.028	＊＊＊
XQ4 ← 信息能力	1.056	0.085	12.361	＊＊＊

注：＊＊＊表示 $p < 0.001$ 的显著性。

　　模型拟合结果显示：GFI 和 AGFI 指标值均小于 0.9，RMR 指标不满足小于 0.05 的标准，RMSEA 指标满足小于 0.1 的要求，PCFI 和 PNFI 值均满足大于 0.5 的要求，NFI、RFI、IFI 和 CFI 指标都小于 0.9，表明不具有良好的拟合度，且卡方值与自由度的比值大于 3，显示提出的模型与数据之间的拟合度不理想，模型不能被接受，需要对模型进行修正。各项指标如表 5-14 所示。

表 5-14　测量模型的拟合度指标

绝对拟合度				简约拟合度		增值，离中拟合度			
GFI	AGFI	RMR	RMSEA	PCFI	PNFI	NFI	RFI	IFI	CFI
0.822	0.786	0.06	0.083	0.804	0.765	0.845	0.829	0.889	0.889

（2）模型修正

基于验证性因子分析的模型拟合，将菜农的信息能力分为 5 维变量，通过 AMOS 20.0 对模型拟合，得到标准化系数估计如图 5-8 所示。

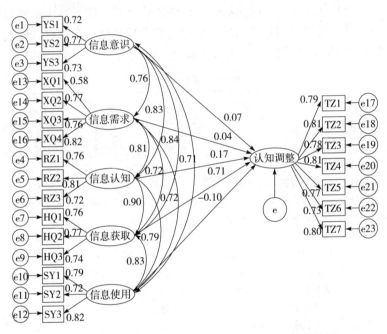

图 5-8 信息能力影响认知调整模型标准化系数估计图

模型拟合结果显示：卡方值与自由度的比值 2.16，小于 3 的最低要求，GFI 和 AGFI 指标值均小于 0.9，RMR 指标满足小于 0.05 的标准，RMSEA 指标满足小于 0.1 的要求，PCFI 和 PNFI 值均满足大于 0.5 的要求，NFI、RFI、IFI 和 CFI 指标都大于或基本接近 0.9，表明拟合度尚可，显示提出的模型与数据之间的拟合度有所提高。各项指标如表 5-15 所示。

表 5 - 15　测量模型的拟合度指标

绝对拟合度				简约拟合度		增值，离中拟合度			
GFI	AGFI	RMR	RMSEA	PCFI	PNFI	NFI	RFI	IFI	CFI
0.881	0.848	0.049	0.062	0.801	0.764	0.899	0.881	0.943	0.942

但是从表 5 - 16 所显示的参数估计结果看，各个潜变量间都不显著，且潜变量信息需求、信息意识、信息使用和信息认知的临界比 C. R. 值偏小，需要对模型进一步修正。

表 5 - 16　系数估计结果

路　　径	估计	标准误	C. R. 值	P 值
认知调整 ← 信息认知	0.194	0.246	0.787	0.432
认知调整 ← 信息获取	0.786	0.286	2.752	0.006
认知调整 ← 信息使用	−0.100	0.122	−0.814	0.415
认知调整 ← 信息意识	0.080	0.154	0.520	0.603
认知调整 ← 信息需求	0.037	0.103	0.359	0.719
TZ1 ← 认知调整	1.000	—	—	—
TZ2 ← 认知调整	0.917	0.058	15.758	＊＊＊
TZ3 ← 认知调整	0.933	0.062	15.095	＊＊＊
TZ4 ← 认知调整	0.898	0.057	15.771	＊＊＊
TZ5 ← 认知调整	0.930	0.063	14.775	＊＊＊
TZ6 ← 认知调整	0.850	0.062	13.705	＊＊＊
TZ7 ← 认知调整	0.920	0.060	15.352	＊＊＊
RZ1 ← 信息认知	1.122	0.088	12.780	＊＊＊
RZ2 ← 信息认知	1.157	0.085	13.555	＊＊＊
RZ3 ← 信息认知	1.000	—	—	—
HQ1 ← 信息获取	1.022	0.077	13.228	＊＊＊
HQ2 ← 信息获取	0.966	0.072	13.432	＊＊＊
SY1 ← 信息使用	1.071	0.073	14.680	＊＊＊
SY2 ← 信息使用	0.941	0.072	13.054	＊＊＊
SY3 ← 信息使用	1.000	—	—	—
HQ3 ← 信息获取	1.000	—	—	—

（续）

路　径	估计	标准误	C.R.值	P值
YS1 ← 信息意识	1.065	0.092	11.614	＊＊＊
YS2 ← 信息意识	1.053	0.085	12.368	＊＊＊
YS3 ← 信息意识	1.000	—	—	—
XQ1 ← 信息需求	0.647	0.066	9.848	＊＊＊
XQ2 ← 信息需求	0.960	0.072	13.338	＊＊＊
XQ3 ← 信息需求	1.000	—	—	—
XQ4 ← 信息需求	0.994	0.070	14.236	＊＊＊

注：＊＊＊表示 P＜0.001 的显著性。

（3）最终拟合结果

根据表 5-16 的临界比 C.R. 值，对模型进一步修改，删除

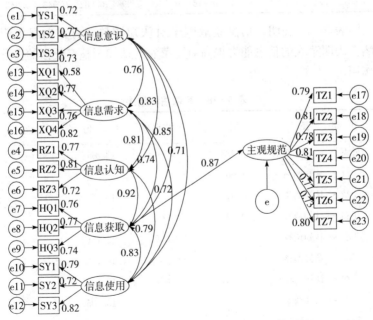

图 5-9　信息能力影响认知调整模型标准化系数估计图

显著性小的因子对锚定调整的影响路径，通过 AMOS 20.0 软件对模型拟合，得到模型标准化系数估计如图 5 - 9 所示。

模型拟合结果显示：卡方值与自由度的比值为 2.14，小于 3 的最低要求，GFI 和 AGFI 指标值均接近 0.9，RMR 指标满足小于 0.05 的标准，RMSEA 指标满足小于 0.1 的要求，PCFI 和 PNFI 值均满足大于 0.5 的要求，NFI、RFI、IFI 和 CFI 指标都大于或基本接近 0.9，表明拟合度尚可，显示提出的模型与数据之间的拟合度可以接受。各项指标如表 5 - 17 所示。

表 5 - 17 测量模型的拟合度指标

绝对拟合度				简约拟合度		增值，离中拟合度			
GFI	AGFI	RMR	RMSEA	PCFI	PNFI	NFI	RFI	IFI	CFI
0.881	0.85	0.049	0.061	0.816	0.777	0.898	0.882	0.943	0.942

表 5 - 18 表明，信息获取因子对认知调整具有正向显著影响，表明菜农的信息能力提高对于菜农的认知调整有较强的提升作用。

表 5 - 18 系数估计结果

路　　径	估计	标准误	C. R. 值	P 值
认知调整 ← 信息获取	0.983	0.080	12.317	＊＊＊
TZ1 ← 认知调整	1.000	—	—	—
TZ2 ← 认知调整	0.917	0.058	15.768	＊＊＊
TZ3 ← 认知调整	0.931	0.062	15.057	＊＊＊
TZ4 ← 认知调整	0.897	0.057	15.756	＊＊＊
TZ5 ← 认知调整	0.929	0.063	14.772	＊＊＊
TZ6 ← 认知调整	0.851	0.062	13.727	＊＊＊
TZ7 ← 认知调整	0.921	0.060	15.385	＊＊＊
RZ1 ← 信息认知	1.128	0.088	12.773	＊＊＊

（续）

路　　径	估计	标准误	C. R. 值	P值
RZ2 ← 信息认知	1.160	0.086	13.504	＊＊＊
RZ3 ← 信息认知	1.000	—	—	—
HQ1 ← 信息获取	1.035	0.079	13.157	＊＊＊
HQ2 ← 信息获取	0.969	0.073	13.217	＊＊＊
SY1 ← 信息使用	1.071	0.073	14.645	＊＊＊
SY2 ← 信息使用	0.943	0.072	13.060	＊＊＊
SY3 ← 信息使用	1.000	—	—	—
HQ3 ← 信息获取	1.000	—	—	—
YS1 ← 信息意识	1.065	0.092	11.611	＊＊＊
YS2 ← 信息意识	1.053	0.085	12.366	＊＊＊
YS3 ← 信息意识	1.000	—	—	—
XQ1 ← 信息需求	0.648	0.066	9.855	＊＊＊
XQ2 ← 信息需求	0.961	0.072	13.335	＊＊＊
XQ3 ← 信息需求	1.000	—	—	—
XQ4 ← 信息需求	0.994	0.070	14.217	＊＊＊

注：＊＊＊表示 P＜0.001 的显著性。

5.4　信息能力对菜农主观规范的影响

5.4.1　量表的设计

关于主观规范的量表设计比较成熟，本研究对主观规范的测量主要是参照计划行为理论提出者 Ajzen 在其官方网站上给出的量表设计模板，以及国内相关学者（周洁红，2005；王建华，2014，2016）的量表设计，并与研究内容的实际情况，归纳出菜农的主观规范初始测量问题选项，量表采用 Likert 5 级量表形式，十分不同意＝1，比较不同意＝2，一般＝3，比较同意＝4，非常同意＝5。考虑到有些问题的有效性，对原始问卷测量问题的调研数据进行因子分析，根据各个选项的因子载荷，选择因子载荷较大（大于 0.7）的测量选项，剔除因子载荷较小的问题选项，最终的测量条款如表 5-19 所示。

表 5-19 菜农主观规范的量表设计

测量项目	代码	测量条款
主观规范	GF1	亲友和邻居观点的重要性
	GF2	消费者观点的重要性
	GF3	国家法规的重要性

（1）亲朋好友、邻居观点的重要性

通过对菜农看待亲朋好友、邻居观点的重要性调研发现，针对"亲朋好友、邻居的观点对我如何打农药很重要"这一问题，有 3.1% 的菜农表示十分不认同，有 15.1% 的菜农表示比较不认同，有 40.3% 的菜农表示一般认同，有 30.5% 的菜农表示比较认同，有 11% 的菜农表示十分认同，比较认同以上的菜农占到 41.5%。

（2）消费者观点的重要性

通过对菜农看待消费者观点重要性的调研发现，针对"买菜的人喜欢买不打农药的蔬菜这一点对我很重要"这一问题，有 0.9% 的菜农表示十分不认同，有 13.5% 的菜农表示比较不认同，有 34.9% 的菜农表示一般认同，有 34.6% 的菜农表示比较认同，有 16% 的菜农表示十分认同，一般认同以上的菜农占到 50.6%。

（3）国家法规的重要性

通过对菜农看待国家法规的重要性调研发现，针对"国家对农药的相关法律对我很重要"这一问题，有 1.3%的菜农表示十分不认同，有 11.3%的菜农表示比较不认同，有 31.4%的菜农表示一般认同，有 39.3%的菜农表示比较认同，有 16.7%的菜农表示十分认同，一般认同以上的菜农占到 56%。

5.4.2 信度与效度

通过 SPSS 19.0 对调研数据进行分析，得到数据的信度与效度。信度分析采用 Cronbach'a 系数（曾五一，2005），信息意识潜变量的 Cronbach'a 系数为大于 0.8，因此变量的测量具有较好的信度；效度分析用 KMO 和 Bartlett 样本测度检验数据是否适合做因子分析（曾五一，2005），计算得到信息意识潜变量的 KMO 值为大于 0.7，Bartlett 球形检验近似卡方值达到显著水平（P<0.001），说明适合进行因子分析；通过因子分析计算出的所有测量指标在信息意识潜变量上的因子载荷，所有测量指标的因子载荷都大于 0.8，表明变量的测量具有较好的收敛效度。

5.4.3 菜农信息能力对主观规范影响的实证分析

（1）信息能力潜变量对主观规范潜变量的影响

将信息能力作为一维变量来影响主观规范，通过 AMOS 20.0 软件对模型拟合，得到模型标准化系数估计如图 5-10 所示。

模型拟合指标如表 5-20 所示，GFI 和 AGFI 指标值均小于 0.9，RMR 指标不满足小于 0.05 的标准，RMSEA 指标不满足小于 0.1 的要求，PCFI 和 PNFI 值均满足大于 0.5 的要求，NFI、RFI、IFI 和 CFI 指标都小于 0.9，表明不具有良好的拟合度，且卡方值与自由度的比值为 5.2，大于 3，显示提出的模型与数据之间的拟合度不理想，需要对模型进行修正。

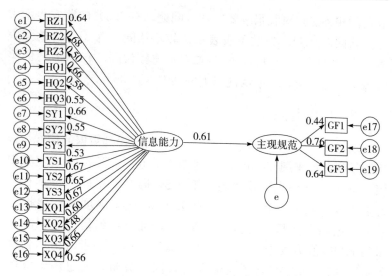

图 5-10　信息能力影响主观规范模型标准化系数估计图

表 5-20　测量模型的拟合度指标

绝对拟合度				简约拟合度		增值，离中拟合度			
GFI	AGFI	RMR	RMSEA	PCFI	PNFI	NFI	RFI	IFI	CFI
0.777	0.719	0.078	0.115	0.653	0.617	0.699	0.659	0.742	0.74

　　通过参数估计各个指标的临界比 C. R. 值可以看出，各个指标的临界比数值较大，表明观察指标对潜变量的解释性较好，参数估计如表 5-21 所示。

表 5-21　系数估计结果

路　　径	估计	标准误	C. R. 值	P 值
主观规范 ← 信息能力	0.513	0.099	5.199	＊＊＊
SY3 ← 信息能力	1.000	—	—	
SY2 ← 信息能力	0.957	0.124	7.736	＊＊＊

（续）

路　　径	估计	标准误	C. R. 值	P 值
SY1 ← 信息能力	1.353	0.156	8.643	＊＊＊
HQ3 ← 信息能力	0.976	0.126	7.729	＊＊＊
HQ2 ← 信息能力	1.040	0.130	7.981	＊＊＊
HQ1 ← 信息能力	1.362	0.157	8.672	＊＊＊
RZ3 ← 信息能力	0.990	0.138	7.156	＊＊＊
RZ2 ← 信息能力	1.243	0.141	8.820	＊＊＊
RZ1 ← 信息能力	1.283	0.151	8.485	＊＊＊
GF1 ← 主观规范	1.000	—		
GF2 ← 主观规范	1.703	0.275	6.205	＊＊＊
GF3 ← 主观规范	1.422	0.233	6.114	＊＊＊
YS1 ← 信息能力	1.617	0.185	8.720	＊＊＊
YS2 ← 信息能力	1.327	0.155	8.587	＊＊＊
YS3 ← 信息能力	1.382	0.158	8.768	＊＊＊
XQ1 ← 信息能力	1.204	0.147	8.170	＊＊＊
XQ2 ← 信息能力	0.942	0.135	6.958	＊＊＊
XQ3 ← 信息能力	1.344	0.155	8.667	＊＊＊
XQ4 ← 信息能力	1.207	0.154	7.845	＊＊＊

注：＊＊＊表示 P＜0.001 的显著性。

（2）信息能力潜变量中各因子对主观规范潜变量的影响路径

基于验证性因子分析的模型拟合，将菜农的信息能力分为 5 维因子变量，通过 AMOS 20.0 对模型拟合，得到标准系数估计如图 5-11 所示。

模型拟合结果显示，卡方值与自由度的比值 2.69，小于 3 的最低要求，GFI 和 AGFI 指标值接近 0.9，RMR 指标接近

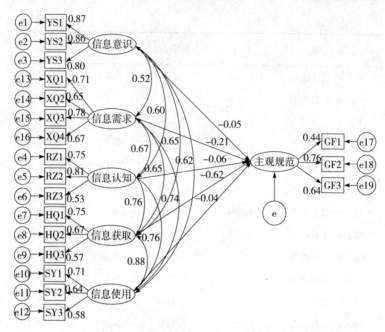

图 5-11　信息能力影响主观规范模型标准化系数估计图

0.05 的标准，RMSEA 指标满足小于 0.1 的要求，PCFI 和PNFI
值均满足大于 0.5 的要求，NFI、RFI、IFI 和 CFI 指标都大于
或基本接近 0.9，显示提出的模型与数据之间的拟合度有所提
高。各项指标如表 5-22 所示。

表 5-22　测量模型的拟合度指标

绝对拟合度				简约拟合度		增值，离中拟合度			
GFI	AGFI	RMR	RMSEA	PCFI	PNFI	NFI	RFI	IFI	CFI
0.895	0.885 4	0.051	0.073	0.725	0.688	0.859	0.824	0.906	0.905

　　但是表 5-23 表明，各个变量对主观规范的影响都不显著，
且潜变量信息认知、信息使用和信息意识的临界比 C.R. 值偏
小，需要对模型进一步修正。

表5-23 系数估计结果

路 径	估计	标准误	C.R.值	P值
主观规范 ← 信息认知	−0.045	0.121	−0.376	0.707
主观规范 ← 信息获取	0.530	0.271	1.957	0.050
主观规范 ← 信息使用	−0.029	0.251	−0.116	0.908
主观规范 ← 信息意识	−0.028	0.051	−0.548	0.584
主观规范 ← 信息需求	0.112	0.075	1.489	0.136
GF1 ← 主观规范	1.000	—	—	
GF2 ← 主观规范	1.680	0.265	6.342	* * *
GF3 ← 主观规范	1.400	0.226	6.205	* * *
RZ1 ← 信息认知	1.413	0.164	8.628	* * *
RZ2 ← 信息认知	1.396	0.157	8.888	* * *
RZ3 ← 信息认知	1.000	—	—	
HQ1 ← 信息获取	1.526	0.165	9.269	* * *
HQ2 ← 信息获取	1.201	0.137	8.751	* * *
SY1 ← 信息使用	1.343	0.148	9.070	* * *
SY2 ← 信息使用	1.021	0.120	8.517	* * *
SY3 ← 信息使用	1.000	—	—	
HQ3 ← 信息获取	1.000	—	—	
YS1 ← 信息意识	1.297	0.078	16.716	* * *
YS2 ← 信息意识	1.070	0.065	16.429	* * *
YS3 ← 信息意识	1.000	—	—	
XQ1 ← 信息需求	0.903	0.076	11.843	* * *
XQ2 ← 信息需求	0.812	0.075	10.808	* * *
XQ3 ← 信息需求	1.000	—	—	
XQ4 ← 信息需求	0.912	0.081	11.229	* * *

注：* * *表示P<0.001的显著性。

（3）模型的修正

根据上表的临界比 C. R. 值，对模型进一步修改，通过 AMOS 20.0 软件对模型拟合，得到标准化系数估计如图 5-12 所示。

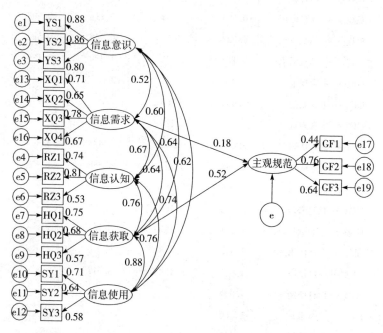

图 5-12　信息能力影响主观规范模型标准化系数估计图

模型拟合结果显示，卡方值与自由度的比值 2.63，小于 3 的最低要求，GFI 和 AGFI 指标值均接近 0.9，RMR 指标满足小于 0.05 的标准，RMSEA 指标满足小于 0.1 的要求，PCFI 和 PNFI 值均满足大于 0.5 的要求，NFI、RFI、IFI 和 CFI 指标都大于或基本接近 0.9，表明拟合度尚可，显示提出的模型与数据之间的拟合度可以接受。各项指标如表 5-24 所示。

表 5 - 24 测量模型的拟合度指标

绝对拟合度				简约拟合度		增值, 离中拟合度			
GFI	AGFI	RMR	RMSEA	PCFI	PNFI	NFI	RFI	IFI	CFI
0.894	0.857	0.051	0.072	0.742	0.703	0.859	0.827	0.907	0.906

表 5 - 25 表明，信息能力对主观规范的影响主要是通过信息获取因子对主观规范起作用。

表 5 - 25 系数估计结果

路 径	估计	标准误	C. R. 值	P 值
主观规范 ← 信息获取	0.440	0.110	3.990	＊＊＊
主观规范 ← 信息需求	0.097	0.056	1.716	.086
GF1 ← 主观规范	1.000	—	—	—
GF2 ← 主观规范	1.682	0.266	6.332	＊＊＊
GF3 ← 主观规范	1.403	0.226	6.198	＊＊＊
RZ1 ← 信息认知	1.410	0.163	8.630	＊＊＊
RZ2 ← 信息认知	1.397	0.157	8.897	＊＊＊
RZ3 ← 信息认知	1.000	—	—	—
HQ1 ← 信息获取	1.524	0.164	9.267	＊＊＊
HQ2 ← 信息获取	1.204	0.137	8.769	＊＊＊
SY1 ← 信息使用	1.343	0.148	9.070	＊＊＊
SY2 ← 信息使用	1.021	0.120	8.517	＊＊＊
SY3 ← 信息使用	1.000	—	—	—
HQ3 ← 信息获取	1.000	—	—	—
YS1 ← 信息意识	1.298	0.078	16.712	＊＊＊
YS2 ← 信息意识	1.070	0.065	16.420	＊＊＊
YS3 ← 信息意识	1.000	—	—	—
XQ1 ← 信息需求	0.902	0.076	11.839	＊＊＊
XQ2 ← 信息需求	0.812	0.075	10.813	＊＊＊
XQ3 ← 信息需求	1.000	—	—	—
XQ4 ← 信息需求	0.911	0.081	11.230	＊＊＊

注：＊＊＊表示 P＜0.001 的显著性。

5.5 信息能力对知觉行为控制的影响

5.5.1 量表的设计

关于对知觉行为控制的量表设计也比较成熟，本研究对菜农知觉行为控制的测量主要是参照 Ajzen 在其官方网站上的量表设计模板，以及国内相关学者（周洁红，2005；王建华，2014；王建华2016）的量表设计，并结合研究内容的实际情况，归纳出菜农的知觉行为控制初始测量问题选项，量表采用 Likert 5 级量表形式，十分不认同＝1，比较不认同＝2，一般认同＝3，比较认同＝4，非常认同＝5。基于全面性原则并考虑到有些问题的有效性，对原始问卷测量问题的调研数据进行因子分析，根据各个选项的因子载荷，选择因子载荷较大（大于 0.7）的测量选项，剔除因子载荷较小的问题选项，最终的测量条款如表 5-26 所示。

表 5-26　菜农知觉行为控制的量表设计

测量项目	代码	测量条款
知觉行为控制	KZ1	使用农药的主观性
	KZ2	使用农药的难易性
	KZ3	使用农药的可能性

（1）使用农药的主观性

通过对菜农使用农药的主观性调研发现，针对"有时候觉得防治效果不好了我会换换农药品种"这一问题，有 2.8％的菜农表示十分不认同，有 13.8％的菜农表示比较不认同，有 31.4％的菜农表示一般认同，有 32.4％的菜农表示比较认同，有 19.5％的菜农表示十分认同，比较认同以上的菜农占到 51.9％。

（2）使用农药的难易性

通过对菜农使用农药的难易性调研发现，针对"有病虫害发生时换成其他防治措施并不难"这一问题，有 2.2% 的菜农表示十分不认同，有 13.5% 的菜农表示比较不认同，有 36.8% 的菜农表示一般认同，有 34.9% 的菜农表示比较认同，有 12.6% 的菜农表示十分认同，一般认同以上的菜农占到 47.5%。

(3) 使用农药的可能性

通过对菜农使用农药的可能性调研发现，针对"当新的病虫害出现时找到合适的病虫害还是有可能的"这一问题，有 1.3% 的菜农表示十分不认同，有 10.4% 的菜农表示比较不认同，有 28.9% 的菜农表示一般认同，有 37.1% 的菜农表示比较认同，有 22.3% 的菜农表示十分认同，一般认同以上的菜农占到 59.4%。

5.5.2 信度与效度

通过 SPSS 19.0 对调研数据进行分析，得到数据的信度与效度。信度分析采用 Cronbach'a 系数（曾五一，2005），信息意识潜变量的 Cronbach'a 系数为大于 0.8，因此变量的测量具有较好的信度；效度分析用 KMO 和 Bartlett 样本测度检验数据是否适合做因子分析（曾五一，2005），计算得到信息意识潜变量的 KMO 值为大于 0.8，Bartlett 球形检验近似卡方值达到显著水平（P<0.001），说明适合进行因子分析；通过因子分析计算出的所有测量指标在信息意识潜变量上的因子载荷，所有测量指标的因子载荷都大于 0.7，表明变量的测量具有较好的收敛效度。

5.5.3 菜农信息能力对知觉行为控制影响的实证分析

(1) 信息能力潜变量对知觉行为控制潜变量的影响

首先将信息能力作为一维构念来影响知觉行为控制，通过 AMOS 20.0 软件对模型拟合，得到模型标准化系数估计如图 5-13 所示。

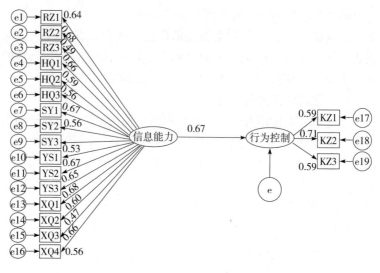

图 5-13　信息能力影响行为控制模型标准化系数估计图

通过参数估计各个指标的临界比 C. R. 值可以看出，各个指标的临界比数值较大，表明观察指标对潜变量的解释性较好，参数估计如表 5-27 所示。

模型拟合指标如表 5-28 所示，GFI 和 AGFI 指标值均小于 0.9，RMR 指标不满足小于 0.05 的标准，RMSEA 指标不满足小于 0.1 的要求，PCFI 和 PNFI 值均满足大于 0.5 的要求，NFI、RFI、IFI 和 CFI 指标都小于 0.9，表明不具有良好的拟合度，且卡方值与自由度的比值为 5.45，大于 3，显示提出的模型与数据之间的拟合度不理性，需要对模型进行修正。

表 5-27　系数估计结果

路　　径	估计	标准误	C. R. 值	P 值
行为控制 ← 信息能力	0.833	0.130	6.429	＊＊＊
SY3 ← 信息能力	1.000	—	—	

（续）

路　　径	估计	标准误	C. R. 值	P 值
SY2 ← 信息能力	0.969	0.125	7.742	＊＊＊
SY1 ← 信息能力	1.375	0.159	8.660	＊＊＊
HQ3 ← 信息能力	0.990	0.128	7.748	＊＊＊
HQ2 ← 信息能力	1.056	0.132	8.004	＊＊＊
HQ1 ← 信息能力	1.365	0.158	8.613	＊＊＊
RZ3 ← 信息能力	0.995	0.140	7.128	＊＊＊
RZ2 ← 信息能力	1.246	0.142	8.763	＊＊＊
RZ1 ← 信息能力	1.293	0.153	8.459	＊＊＊
KZ1 ← 行为控制	1.000	—	—	
KZ2 ← 行为控制	1.088	0.138	7.859	＊＊＊
KZ3 ← 行为控制	0.925	0.127	7.275	＊＊＊
YS1 ← 信息能力	1.623	0.187	8.670	＊＊＊
YS2 ← 信息能力	1.325	0.156	8.514	＊＊＊
YS3 ← 信息能力	1.394	0.159	8.744	＊＊＊
XQ1 ← 信息能力	1.203	0.148	8.107	＊＊＊
XQ2 ← 信息能力	0.944	0.136	6.920	＊＊＊
XQ3 ← 信息能力	1.349	0.157	8.620	＊＊＊
XQ4 ← 信息能力	1.202	0.155	7.767	＊＊＊

注：＊＊＊表示 P＜0.001 的显著性。

表 5 - 28　测量模型的拟合度指标

绝对拟合度				简约拟合度		增值，离中拟合度			
GFI	AGFI	RMR	RMSEA	PCFI	PNFI	NFI	RFI	IFI	CFI
0.769	0.71	0.083	0.118	0.646	0.611	0.629	0.652	0.734	0.732

（2）信息能力潜变量中各因子对知觉行为控制潜变量的影响路径

基于验证性因子分析的模型拟合，将菜农的信息能力分为 5

维变量，通过 AMOS 20.0 对模型拟合，得到模型标准化系数估计如图 5 - 14 所示。

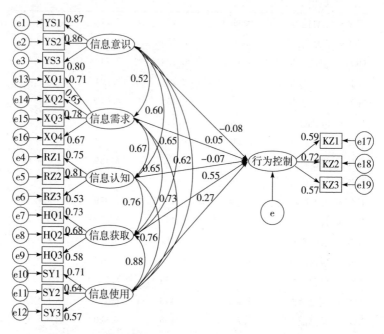

图 5 - 14　信息能力影响行为控制模型标准化系数估计图

　　模型拟合指标表 5 - 29 显示，卡方值与自由度的比值 2.91，小于 3 的最低要求，GFI 和 AGFI 指标值接近 0.9，RMR 指标接近 0.05 的标准，RMSEA 指标满足小于 0.1 的要求，PCFI 和 PNFI 值均满足大于 0.5 的要求，NFI、RFI、IFI 和 CFI 指标都基本接近 0.9，显示提出的模型与数据之间的拟合度有所提高。

表 5 - 29　测量模型的拟合度指标

| 绝对拟合度 | | | | 简约拟合度 | | 增值，离中拟合度 | | | |
GFI	AGFI	RMR	RMSEA	PCFI	PNFI	NFI	RFI	IFI	CFI
0.887	0.843	0.058	0.078	0.717	0.681	0.85	0.813	0.896	0.895

但是参数估计结果表 5 - 30 表明，从显著性上看，各变量对菜农的知觉行为控制影响都不显著，且潜变量信息意识、信息认知、信息使用和信息需求的临界比 C. R. 值偏小，需要对模型进一步修正。

表 5 - 30　系数估计结果

路　　径	估计	标准误	C. R. 值	P 值
行为控制 ← 信息获取	0.660	0.356	1.853	0.064
行为控制 ← 信息意识	−0.058	0.071	−0.827	0.408
行为控制 ← 信息认知	−0.079	0.166	−0.476	0.634
行为控制 ← 信息使用	0.313	0.354	0.884	0.377
行为控制 ← 信息需求	0.037	0.100	0.368	0.713
KZ1 ← 行为控制	1.000	—	—	
KZ2 ← 行为控制	1.120	0.138	8.105	＊＊＊
KZ3 ← 行为控制	0.906	0.124	7.279	＊＊＊
RZ1 ← 信息认知	1.414	0.164	8.625	＊＊＊
RZ2 ← 信息认知	1.396	0.157	8.880	＊＊＊
RZ3 ← 信息认知	1.000	—	—	
HQ1 ← 信息获取	1.460	0.156	9.374	＊＊＊
HQ2 ← 信息获取	1.191	0.132	9.012	＊＊＊
SY1 ← 信息使用	1.374	0.152	9.057	＊＊＊
SY2 ← 信息使用	1.036	0.122	8.473	＊＊＊
SY3 ← 信息使用	1.000	—	—	
HQ3 ← 信息获取	1.000	—	—	
YS1 ← 信息意识	1.296	0.077	16.734	＊＊＊
YS2 ← 信息意识	1.068	0.065	16.441	＊＊＊
YS3 ← 信息意识	1.000	—	—	

（续）

路　径	估计	标准误	C. R. 值	P 值
XQ1 ← 信息需求	0.898	0.076	11.830	＊＊＊
XQ2 ← 信息需求	0.810	0.075	10.817	＊＊＊
XQ3 ← 信息需求	1.000	—	—	—
XQ4 ← 信息需求	0.906	0.081	11.209	＊＊＊

注：＊＊＊表示 P＜0.001 的显著性。

（3）模型的修正

根据上表的临界比 C. R. 值，对模型进一步修改，通过AMOS 20.0 软件对模型拟合，得到模型标准化系数估计如图 5-15 所示。

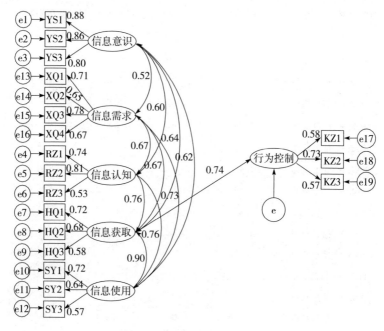

图 5-15　信息能力影响行为控制模型标准化系数估计图

参数估计结果表 5-31 表明，从显著性上看，通过模型拟合发现，菜农信息能力对知觉行为控制的作用主要是通过信息获取因子变量对知觉行为控制起作用。

表 5-31　系数估计结果

路　径	估计	标准误	C.R. 值	P 值
行为控制 ← 信息获取	0.868	0.128	6.793	＊＊＊
KZ1 ← 行为控制	1.000	—	—	—
KZ2 ← 行为控制	1.130	0.140	8.054	＊＊＊
KZ3 ← 行为控制	0.911	0.126	7.243	＊＊＊
RZ1 ← 信息认知	1.409	0.163	8.628	＊＊＊
RZ2 ← 信息认知	1.396	0.157	8.894	＊＊＊
RZ3 ← 信息认知	1.000	—	—	—
HQ1 ← 信息获取	1.436	0.153	9.407	＊＊＊
HQ2 ← 信息获取	1.180	0.130	9.069	＊＊＊
SY1 ← 信息使用	1.376	0.152	9.051	＊＊＊
SY2 ← 信息使用	1.036	0.122	8.459	＊＊＊
SY3 ← 信息使用	1.000	—	—	—
HQ3 ← 信息获取	1.000	—	—	—
YS1 ← 信息意识	1.296	0.077	16.749	＊＊＊
YS2 ← 信息意识	1.066	0.065	16.431	＊＊＊
YS3 ← 信息意识	1.000	—	—	—
XQ1 ← 信息需求	0.896	0.076	11.820	＊＊＊
XQ2 ← 信息需求	0.809	0.075	10.812	＊＊＊
XQ3 ← 信息需求	1.000	—	—	—
XQ4 ← 信息需求	0.906	0.081	11.221	＊＊＊

注：＊＊＊表示 $P<0.001$ 的显著性。

模型拟合结果表 5-32 显示，卡方值与自由度的比值 2.85，小于 3 的最低要求，GFI 和 AGFI 指标值均接近 0.9，RMR 指标接近 0.05 的标准，RMSEA 指标满足小于 0.1 的要求，PCFI 和 PNFI 值均满足大于 0.5 的要求，NFI、RFI、IFI 和 CFI 指标都基本接近 0.9，表明拟合度尚可，显示提出的模型与数据之间的拟合度基本可以接受。

表 5 - 32 测量模型的拟合度指标

绝对拟合度				简约拟合度		增值，离中拟合度			
GFI	AGFI	RMR	RMSEA	PCFI	PNFI	NFI	RFI	IFI	CFI
0.886	0.846	0.059	0.077	0.738	0.70	0.849	0.817	0.897	0.895

5.6 小结

本章讨论了菜农信息能力对锚定调整的影响。基于锚定心理模型，本章首先讨论了菜农锚定心理形成的一般过程，并根据锚定心理模型对菜农的认知锚定和认知调整做了调研分析。研究发现：菜农在农药购买量、购买地点、农药使用间隔期和对农药使用后的废弃物认知锚定程度较高，受外界信息的影响，菜农对农药残留、农药残留对健康和环境的影响等认知都发生了较大程度的改变；菜农的认知锚定主要受心理学上的首因效应、近因效应、晕轮效应和刻板效应的影响，影响菜农认知锚定和认知调整的显著因素主要是培训经历，培训经历对菜农的认知锚定首先有调整作用，之后又有强化作用。其次，基于行为转变模式和计划行为理论，本章重点讨论了菜农信息能力对菜农认知锚定、主观规范和知觉行为控制的影响。研究发现：菜农信息能力对认知调整、主观规范和知觉行为控制的影响主要是通过信息获取因子起作用，而其他因子变量对菜农的认知调整、主观规范和知觉行为控制影响基本上都不明显。

第六章 信息能力对菜农使用农药行为转变的影响

6.1 分析框架与研究假说

基于菜农使用农药行为转变的理论分析，本研究提出菜农使用农药行为转变假说：已经种植多年蔬菜菜农的使用农药行为转变，是基于菜农获取到农药等相关信息后，对已经形成的既定认知产生影响，即菜农先获取相关信息，并分析、处理所得信息，在既有的内部锚共同作用下，菜农的信息能力对菜农的锚定心理产生作用，并引起菜农锚定心理的调整，一旦菜农的锚定调整充分，便会导致菜农使用农药行为发生转变。当然，菜农的行为转变也可能不经过认知变化，而是直接根据所获取的信息进行模仿。即菜农的信息能力对其农药使用行为转变潜变量具有间接和直接影响，菜农的锚定调整潜变量充当信息能力影响菜农使用农药行为转变潜变量的一个中介变量。基于以上假说，本研究提出信息能力影响菜农使用农药行为转变的机制模型如图 6-1 所示。

图 6-1 菜农信息能力影响农药使用行为转变模型

基于以上模型，提出两个基本假设：

H1：信息能力水平对菜农使用农药行为转变程度具有正方向的直接影响。

H2：信息能力水平通过锚定调整中介变量对菜农使用农药行为程度具有正方向的间接影响。

6.2 菜农使用农药行为转变程度的测度

6.2.1 量表的设计

从文献检索看，学者对于农药使用行为的研究较多，本研究对菜农使用农药行为转变程度的测量借鉴前人的成果。菜农使用农药行为转变作为一个构念，因而对菜农使用农药行为转变的测量指标包括：为减少农药残留而采用其他防治措施、尝试使用新型农药、尽量用毒性小的农药、不用国家禁止的高毒农药、规范使用农药、打药时尽量采取措施防治自身中毒、植绿色（无公害、有机）蔬菜、蔬菜快销售时不打农药 8 个测量项。测量问题采用李克特 5 点量表，1 表示非常不认同，2 表示不认同，3 表示有点认同，4 表示比较认同，5 表示非常认同，具体测量项目如表 6.1 所示。

表 6 - 1　菜农使用农药行为转变测量量表

潜变量		测量项目	因子载荷	Cronbach'a	KMO
行为转变	ZB1	为减少农药残留而采用其他防治措施	0.802		
	ZB2	尝试使用新型农药	0.738		
	ZB3	尽量用毒性小的农药	0.817		
	ZB4	不用国家禁止的高毒农药	0.758	0.909	0.905
	ZB5	规范使用农药	0.862		
	ZB6	打药时尽量采取措施防治自身中毒	0.737		
	ZB7	种植绿色（无公害、有机）蔬菜（少用农药）	0.802		
	ZB8	蔬菜快销售时不打农药	0.759		

通过对以上测量项目调研发现：

（1）菜农为减少农药残留开始采用其他防治措施的转变程度方面，有2.9%的菜农表示十分不明显，有10.5%的菜农表示比较不明显，有24.8%的菜农表示一般，有25.8%的菜农表示比较明显，有35.9%的菜农表示十分明显，变化比较明显以上的菜农占61.8%。

（2）菜农尝试使用新型农药转变程度方面，有4.6%的菜农表示十分不明显，有6.9%的菜农表示比较不明显，有22.9%的菜农表示一般，有30.7%的菜农表示比较明显，有35%的菜农表示十分明显，变化比较明显以上的菜农占65.7%。

（3）菜农尽量用毒性小的农药转变程度方面，有1.6%的菜农表示十分不明显，有4.6%的菜农表示比较不明显，有20.6%的菜农表示一般，有24.8%的菜农表示比较明显，有48.4%的菜农表示十分明显，变化比较明显以上的菜农占73.2%。

（4）菜农不用国家禁止的高毒农药方面，有3.6%的菜农表示十分不认同，有2.9%的菜农表示比较不认同，有12.7%的菜农表示一般，有20.6%的菜农表示比较认同，有60.1%的菜农表示十分认同，比较认同以上的菜农占80.7%。

（5）菜农在打农药规范程度方面，有1.3%的菜农表示十分不明显，有5.9%的菜农表示比较不明显，有19%的菜农表示一般，有33.7%的菜农表示比较明显，有40.2%的菜农表示十分明显，变化比较明显以上的菜农占73.9%。

（6）菜农在打农药采取措施防治自身中毒方面，有2%的菜农表示十分不认同，有3.9%的菜农表示比较不认同，有14.1%的菜农表示一般，有28.8%的菜农表示比较认同，有51.3%的菜农表示十分认同，比较认同以上的菜农占80.1%。

（7）菜农向绿色蔬菜种植转变程度方面，有4.9%的菜农表示十分不明显，有12.7%的菜农表示比较不明显，有24.5%的菜农表示一般，有 22.2% 的菜农表示比较明显，有 35.6% 的菜农表示十分明显，比较明显以上的菜农占 61.8%。

（8）在蔬菜快销售时不打农药方面，有 1.3% 的菜农表示十分不认同，有 4.9% 的菜农表示比较不认同，有 14.7% 的菜农表示一般，有 23.9% 的菜农表示比较认同，有 55.2% 的菜农表示十分认同，变化比较明显以上的菜农占 65.7%。

各个调研项目的描述统计分析如表 6-2 所示。

表6-2 行为转变测量指标的描述统计分析

	ZB1	ZB2	ZB3	ZB4	ZB5	ZB6	ZB7	ZB8
均值	4.14	4.31	3.81	3.71	4.06	3.85	4.27	4.24
中位数	4	5	4	4	4	4	5	5
标准差	1.002	1.039	1.123	1.213	0.972	1.116	0.972	0.967
方差	1.004	1.079	1.260	1.473	0.944	1.245	0.944	0.935
偏度	−0.948	−1.579	−0.579	−0.524	−0.845	−0.791	−1.228	−1.275
峰度	0.167	1.932	−0.584	−0.774	0.119	−0.035	0.788	1.223
最小值	1	1	1	1	1	1	1	1
最大值	5	5	5	5	5	5	5	5

6.2.2 信度与效度

通过 SPSS 19.0 软件对调查数据进行信度和效度分析，信度分析采用 Cronbach'a 系数，所有潜变量的 Cronbach'a 系数为 0.961，因此变量的测量具有较好的信度。效度分析用 KMO 和 Bartlett 样本测度检验数据是否适合做因子分析，采用本量表的最终调查数据计算得到 KMO 值为 0.960，远远大于 0.5，Bartlett 球形检验近似卡方值为 5 317.614，达到显著水平（P＜0.001），说明适合进行因子分析，然后通过因子分析计算所有测量指标在其潜变量上的因子载荷，所有测量指标的因子载荷都大于 0.7，表明变量的测量具有较好的收敛效度。

6.2.3　菜农使用农药行为转变的影响因素

（1）变量的选取

菜农的农药使用行为转变程度作为被解释变量，被解释变量的取值仍然采用加总量表法，将菜农在各个问题上的得分进行求和加总，取平均值，然后根据最终的结果将菜农的农药使用行为转变程度划分为 5 类，菜农的农药使用行为转变程度非常强的赋值为 5，比较强的赋值为 4，一般的赋值为 3，比较弱的赋值为 2，非常弱的赋值为 1。对于解释变量的选择，包括菜农的年龄、身体状况、教育经历、种植时间的长短、是否加入合作社、是否专业种植蔬菜和家庭人口数量。

（2）参数估计

为了能够得到影响菜农使用农药行为转变的显著性因素，通过 SPSS 19.0 对处理过的调研数据进行有序 Probit 回归分析，得到系数估计结果如表 6-3 所示。

表 6-3　菜农使用农药行为转变系数估计结果

		估计	标准误	Wald 值	Sig. 值
阈值	［行为转变＝1］	−3.592	0.822	19.102	0.000
	［行为转变＝2］	−1.667	0.714	5.459	0.019
	［行为转变＝3］	0.404	0.703	0.330	0.566
	［行为转变＝4］	2.522	0.718	12.325	0.000
位置	AGE	−0.072	0.133	0.288	0.592
	EDU	0.119	0.141	0.723	0.395
	BODY	0.612	0.375	2.661	0.103
	NUM	−0.232	0.112	4.337	0.037
	EXPR	0.034	0.083	0.167	0.683

（续）

	估计	标准误	Wald 值	Sig. 值
INCOM	0.191	0.233	0.666	0.414
CORP	0.055	0.244	0.052	0.820
TRAIN	1.324	0.252	27.564	0.000

考虑到自变量之间的相关性，通过 AMOS 20.0 软件对菜农个体特征变量影响农药使用行为进行路径拟合，得到标准化系数路径拟合图如图 6-2 以及系数估计结果如表 6-4 所示。

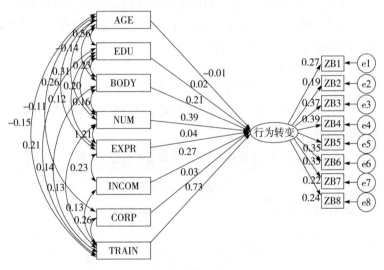

图 6-2 标准化系数路径拟合图

表 6-4 系数估计结果

路 径	估计	标准误	C. R. 值	P 值
行为转变 ← AGE	−0.004	0.021	−0.193	0.847
行为转变 ← EDU	0.008	0.022	0.359	0.720

（续）

路　　径	估计	标准误	C. R. 值	P 值
行为转变 ← BODY	0.197	0.070	2.794	0.005
行为转变 ← NUM	−0.102	0.026	−3.859	＊＊＊
行为转变 ← EXPR	0.009	0.013	0.655	0.513
行为转变 ← INCOM	0.154	0.047	3.257	0.001
行为转变 ← CORP	−0.016	0.038	−0.409	0.683
行为转变 ← TRAIN	0.413	0.088	4.688	＊＊＊
ZB1 ← 行为转变	1.000	—	—	—
ZB2 ← 行为转变	0.722	0.259	2.789	0.005
ZB3 ← 行为转变	1.522	0.377	4.036	＊＊＊
ZB4 ← 行为转变	1.736	0.421	4.119	＊＊＊
ZB5 ← 行为转变	1.227	0.313	3.921	＊＊＊
ZB6 ← 行为转变	1.428	0.362	3.943	＊＊＊
ZB7 ← 行为转变	0.789	0.255	3.096	0.002
ZB8 ← 行为转变	0.850	0.261	3.254	0.001

注：＊＊＊表示 P＜0.001 的显著性。

（3）结果分析

通过表 6-3 和表 6-4 的回归结果发现，影响菜农使用农药行为转变的个体特征变量中，家庭人口数量和是否有过培训经历对菜农的农药使用行为有显著影响。家庭人口数量对菜农的农药使用行为具有负向显著作用，这与家庭人口数量影响菜农认知调整的回归结果一致，是基于群体性组织的力量导致；培训经历对菜农的农药使用行为有正向显著影响，说明有过培训经历的菜农使用农药行为转变程度越大。

6.3 信息能力对菜农使用农药行为转变的影响

6.3.1 基于验证性因子分析的模型拟合

根据前面对菜农信息能力的验证性因子分析，首先将信息能力作为一阶五维因子来验证信息能力对菜农使用农药行为转的直接影响，通过 AMOS 20.0 软件对模型拟合，得到标准化系数估计图如图 6-3 所示。

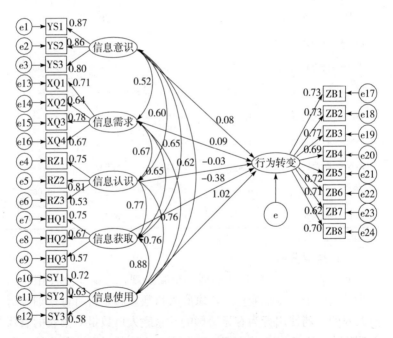

图 6-3 信息能力对行为转变直接影响模型标准化系统估计图

模型拟合结果显示，卡方值与自由度的比值 2.35，小于 3 的最低要求，GFI 和 AGFI 指标值小于 0.9，RMR 指标接近 0.05 的最优标准，RMSEA 指标满足小于 0.08 的良好要求，

PCFI 和 PNFI 值均满足大于 0.5 的要求，NFI、RFI 小于 0.9，IFI 和 CFI 指标都大于 0.9，显示提出的模型与数据之间的拟合度不是很理想。各项指标如表 6-5 所示。

表 6-5 测量模型的拟合度指标

绝对拟合度				简约拟合度		增值，离中拟合度			
GFI	AGFI	RMR	RMSEA	PCFI	PNFI	NFI	RFI	IFI	CFI
0.875	0.841	0.049	0.066	0.691	0.734	0.855	0.831	0.911	0.91

根据表 6-6 信息能力各因子对菜农使用农药行为转变直接影响的回归参数所示，从显著性上看，信息能力的各个因子对菜农使用农药行为转变的影响大部分都不显著，且信息认知、信息意识和信息需求因子上的临界比 C. R. 值偏小，需要对模型进一步修正。

表 6-6 系数估计结果

路 径	估计	标准误	C. R. 值	P 值
行为转变 ← 信息获取	−0.502	0.435	−1.153	0.249
行为转变 ← 信息认知	−0.036	0.176	−0.202	0.840
行为转变 ← 信息意识	0.064	0.074	0.856	0.392
行为转变 ← 信息使用	1.269	0.485	2.617	0.009
行为转变 ← 信息需求	0.073	0.117	0.624	0.533
ZB1 ← 行为转变	1.000	—	—	
ZB2 ← 行为转变	1.006	0.080	12.547	＊＊＊
ZB3 ← 行为转变	1.064	0.080	13.374	＊＊＊
RZ1 ← 信息认知	1.409	0.163	8.657	＊＊＊
RZ2 ← 信息认知	1.388	0.156	8.909	＊＊＊
RZ3 ← 信息认知	1.000	—	—	
HQ1 ← 信息获取	1.519	0.165	9.229	＊＊＊

（续）

路　径	估计	标准误	C. R. 值	P 值
HQ2 ← 信息获取	1.184	0.137	8.672	＊＊＊
SY1 ← 信息使用	1.356	0.143	9.455	＊＊＊
SY2 ← 信息使用	1.003	0.115	8.691	＊＊＊
SY3 ← 信息使用	1.000	—	—	—
HQ3 ← 信息获取	1.000	—	—	—
YS1 ← 信息意识	1.299	0.078	16.707	＊＊＊
YS2 ← 信息意识	1.072	0.065	16.434	＊＊＊
YS3 ← 信息意识	1.000	—	—	—
XQ1 ← 信息需求	0.889	0.074	11.940	＊＊＊
XQ2 ← 信息需求	0.800	0.074	10.862	＊＊＊
XQ3 ← 信息需求	1.000	—	—	—
XQ4 ← 信息需求	0.898	0.079	11.295	＊＊＊
ZB4 ← 行为转变	0.954	0.081	11.826	＊＊＊
ZB5 ← 行为转变	1.057	0.085	12.495	＊＊＊
ZB6 ← 行为转变	0.985	0.080	12.269	＊＊＊
ZB7 ← 行为转变	0.863	0.081	10.624	＊＊＊
ZB8 ← 行为转变	1.009	0.083	12.126	＊＊＊

注：＊＊＊表示 P＜0.001 的显著性。

6.3.2　模型修正

根据表 6-6 的临界比 C. R. 值，对模型进一步修改，通过 AMOS 20.0 软件对模型拟合，得到模型标准化系数估计图如图 6-4 所示。

模型拟合结果显示，卡方值与自由度的比值 2.33，小于 3 的最低要求，GFI 指标值均接近 0.9，RMR 指标满足小于 0.05

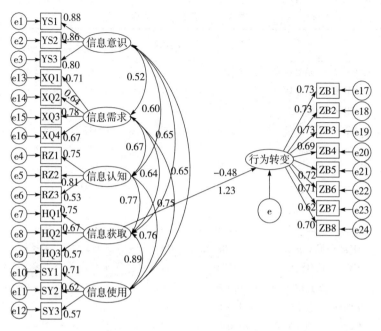

图6-4　信息能力对行为转变直接影响模型标准化系数估计图

的标准，RMSEA指标满足小于0.08的要求，PCFI和PNFI值均满足大于0.5的要求，IFI和CFI指标都大于0.9，显示提出的模型与数据之间的拟合度一般，基本可以接受。各项指标如表6-7所示。

表6-7　测量模型的拟合度指标

绝对拟合度				简约拟合度		增值，离中拟合度			
GFI	AGFI	RMR	RMSEA	PCFI	PNFI	NFI	RFI	IFI	CFI
0.874	0.843	0.049	0.065	0.792	0.743	0.855	0.833	0.911	0.911

从显著性上看，菜农信息能力对行为转变的直接作用主要是通过信息使用因子变量对行为转变起作用。参数估计结果如表6-8所示。

表 6 - 8　系数估计结果

路　　径	估计	标准误	C.R. 值	P 值
行为转变 ← 信息获取	−0.644	0.412	−1.562	0.118
行为转变 ← 信息使用	1.535	0.410	3.743	＊＊＊
ZB1 ← 行为转变	1.000	—	—	
ZB2 ← 行为转变	1.006	0.080	12.536	＊＊＊
ZB3 ← 行为转变	1.065	0.080	13.372	＊＊＊
RZ1 ← 信息认知	1.410	0.163	8.660	＊＊＊
RZ2 ← 信息认知	1.387	0.156	8.908	＊＊＊
RZ3 ← 信息认知	1.000			
HQ1 ← 信息获取	1.524	0.165	9.216	＊＊＊
HQ2 ← 信息获取	1.187	0.137	8.661	＊＊＊
SY1 ← 信息使用	1.358	0.144	9.460	＊＊＊
SY2 ← 信息使用	0.991	0.115	8.599	＊＊＊
SY3 ← 信息使用	1.000	—	—	
HQ3 ← 信息获取	1.000			
YS1 ← 信息意识	1.299	0.078	16.722	＊＊＊
YS2 ← 信息意识	1.070	0.065	16.429	＊＊＊
YS3 ← 信息意识	1.000			
XQ1 ← 信息需求	0.890	0.074	11.942	＊＊＊
XQ2 ← 信息需求	0.799	0.074	10.856	＊＊＊
XQ3 ← 信息需求	1.000	—	—	
XQ4 ← 信息需求	0.898	0.079	11.296	＊＊＊
ZB4 ← 行为转变	0.956	0.081	11.834	＊＊＊
ZB5 ← 行为转变	1.057	0.085	12.490	＊＊＊
ZB6 ← 行为转变	0.985	0.080	12.264	＊＊＊
ZB7 ← 行为转变	0.862	0.081	10.617	＊＊＊
ZB8 ← 行为转变	1.009	0.083	12.125	＊＊＊

注：＊＊＊表示 P＜0.001 的显著性。

6.4　信息能力对菜农使用农药行为转变的间接影响I

根据前面的理论分析，信息能力通过信念和态度对菜农使用农药行为转变产生影响，通过对信念和态度的构成分析，菜农的锚定心理发生变化应该首先由认知调整开始。基于此，本部分首先考察信息能力通过认知调整中介变量对菜农使用农药行为转变潜变量的间接影响。

6.4.1　中介效应检验

根据 Baron 和 Kenny 提出的关于中介效应的概念和检验程序，中介效应可以用三个回归方程检测四个条件是否成立（温忠麟，2004）。

第一步，检验方程 $Y_i = \alpha_c + \beta_c X_i + \varepsilon_i^c$ 中的 β_c 的估计值具有统计学意义。当 β_c 显著时，表示自变量对于因变量有影响。

第二步，方程 $Me_i = \alpha_a + \beta_a X_i + \varepsilon_i^a$ 中的 β_a 具有统计显著性。当 β_a 的估计值显著时，表示自变量对于中介变量有影响。

第三步，方程 $Y_i = \alpha_b + + \beta_c' X_i + \beta_b Me_i + \varepsilon_i^a$ 中的 β_b 必须具有统计显著性，表示中介变量在排除自变量后仍然对因变量有净影响。

第四步，控制中介变量后，方程 $Y_i = \alpha_b + + \beta_c' X_i + \beta_b Me_i + \varepsilon_i^a$ 中原先自变量的净效应消失，即 β_c' 的估计值统计不显著。

当上述条件完全符合后，说明中介变量 M_e 完全中介了自变量 X 对因变量 Y 的效应，也是一种完全的中介效应，如果 β_c' 的估计值虽然有变化，但是仍然显著，其绝对值小于 β_c' 的估计值，则称 M_e 部分中介了自变量 X 对因变量 Y 的效应，即部分中介效应。

通过加总量表法求出信息能力（X）、认知调整（M）与菜农使用农药行为转变（Y）各潜变量的总体水平，通过 AMOS 20.0 软件对模型拟合，得到回归系数表 6-9；对信息能力（X）、认知调整（M）与菜农使用农药行为转变（Y）总体水平进行偏相关检验，得到相关系数表 6-10。结果表明，信息能力对菜农使用农药行为的转变存在部分中介效应。

表 6-9 系数估计结果

路 径	估计	标准误	C. R. 值	P 值
M ← X	0.760	0.047	16.174	＊＊＊
Y ← X	0.428	0.053	8.019	＊＊＊
Y ← M	0.510	0.048	10.671	＊＊＊

注：＊＊＊表示 P＜0.001 的显著性。

表 6-10 相关性检验

控制变量			行为改变	信息能力	认知调整
无	行为改变	相关系数	1.000	0.713	0.753
		显著性（双侧）	—	0.000	0.000
	信息能力	相关系数	0.713	1.000	0.679
		显著性（双侧）	0.000	—	0.000
	认知调整	相关系数	0.753	0.679	1.000
		显著性（双侧）	0.000	0.000	—
认知调整	行为改变	相关系数	1.000	0.417	
		显著性（双侧）	—	0.000	
	信息能力	相关系数	0.417	1.000	
		显著性（双侧）	0.000	—	

6.4.2 信息能力、认知调整与菜农使用农药行为转变

基于前面分析，信息能力对认知调整的影响主要是信息获取

因子，信息能力对菜农使用农药行为的直接影响主要是通过信息使用因子，因此将信息能力通过认知调整中介变量影响菜农使用农药行为转变的路径设为信息获取因子通过认知调整间接影响菜农使用农药行为转变，信息使用因子直接对菜农使用农药行为产生影响，通过 AMOS 20.0 软件对模型拟合，得到回归标准化系数估计图 6-5。

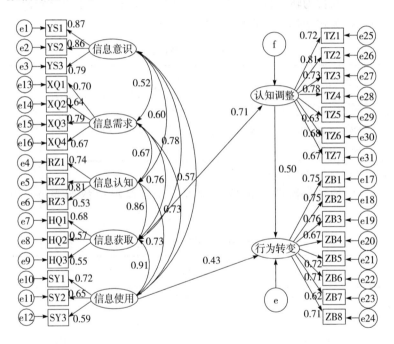

图6-5 信息能力对行为转变间接影响模型标准化系数估计图

模型拟合结果显示，卡方值与自由度的比值 2.36，小于 3 的最低要求，RMR 指标接近 0.05 的最优水平，RMSEA 指标满足小于 0.08 的良好要求，PCFI 和 PNFI 值均满足大于 0.5 的要求，其他指标不是很理想，因此需要对模型进行修正。模型各项指标如表 6-11 所示。

表 6 - 11　测量模型的拟合度指标

绝对拟合度				简约拟合度		增值，离中拟合度			
GFI	AGFI	RMR	RMSEA	PCFI	PNFI	NFI	RFI	IFI	CFI
0.832	0.802	0.053	0.066	0.801	0.741	0.818	0.799	0.866	0.885

从显著性上看，信息获取因子通过中介变量认知调整对菜农使用农药行为转变具有显著间接影响，信息使用因子对菜农使用农药行为转变具有显著直接影响（表 6 - 12）。

表 6 - 12　系数估计结果

路　　径	估计	标准误	C. R. 值	P 值
认知调整 ← 信息获取	1.016	0.126	8.051	＊＊＊
行为转变 ← 认知调整	0.498	0.071	6.995	＊＊＊
行为转变 ← 信息使用	0.540	0.096	5.635	＊＊＊

注：＊＊＊表示 P＜0.001 的显著性。

但是部分模型修正指数过大，部分修正指数如表 6 - 13 所示。

表 6 - 13　模型修正指数

路　　径	修正指数	对应关系变化
e25 ↔e26	23.630	0.108
e17 ↔e25	16.317	0.105
e17 ↔e18	18.176	0.102
e7 ↔e4	25.427	0.169
e8 ↔e7	21.580	0.155
e10 ↔e1	20.911	0.146

根据调查问卷中各个潜变量的测量指标，结合实际情况，将修正指数过大、且实际上确实可能存在相关性的指标残差设为相

关，将各个指标残差进行释放，得到新的标准化系数估计图 6 - 6。

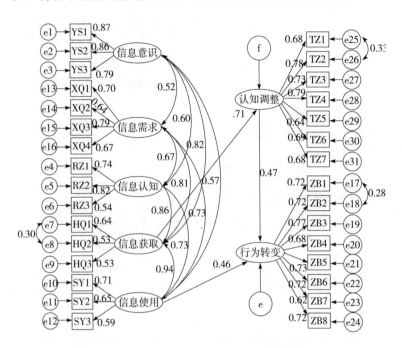

图 6 - 6　信息能力对行为转变间接影响模型标准化系数估计图

模型各项指标显示，尽管模型拟合结果显示各项拟合指标有所提高（表 6 - 14），但是模型中信息意识、信息需求、信息认知、信息获取和信息使用各因子之间不是正定协方差矩阵，因此需要对模型进一步修正。

表 6 - 14　测量模型的拟合度指标

绝对拟合度				简约拟合度		增值，离中拟合度			
GFI	AGFI	RMR	RMSEA	PCFI	PNFI	NFI	RFI	IFI	CFI
0.844	0.815	0.051	0.062	0.808	0.747	0.831	0.812	0.9	0.899

将信息能力中的信息意识、信息需求和信息认知因子删除，

对模型重新拟合，得到标准化系数估计图 6-7。

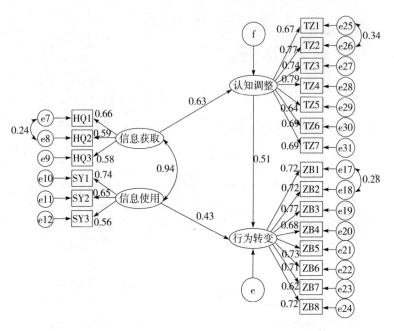

图 6-7　信息能力对行为转变间接影响模型标准化系数估计图

　　拟合结果显示，卡方值和自由度之比为 2.39，GFI 指标值均接近 0.9，RMR 指标满足小于 0.05 的最优标准，RMSEA 指标满足小于 0.08 的良好要求，PCFI 和 PNFI 值均满足大于 0.5 的要求，NFI 指标接近 0.9，IFI 和 CFI 指标都大于 0.9，表明拟合度尚可，显示提出的模型与数据之间的拟合度基本可以接受。模型拟合度指标如表 6-15 所示。

表 6-15　测量模型的拟合度指标

绝对拟合度				简约拟合度		增值，离中拟合度			
GFI	AGFI	RMR	RMSEA	PCFI	PNFI	NFI	RFI	IFI	CFI
0.888	0.858	0.046	0.066	0.797	0.755	0.871	0.851	0.921	0.92

回归系数如表 6-16 所示。

表 6-16　系数估计结果

路　　径	估计	标准误	C. R. 值	P 值
认知调整 ← 信息获取	0.801	0.115	6.975	＊＊＊
行为转变 ← 认知调整	0.523	0.075	6.993	＊＊＊
行为转变 ← 信息使用	0.552	0.098	5.621	＊＊＊

注：＊＊＊表示 P＜0.001 的显著性。

　　模型拟合结果表明，菜农信息能力对菜农使用农药行为转变潜变量具有直接和间接影响，信息获取因子对认知调整的直接效应系数为 0.801，这说明当其他条件不变时，菜农的信息获取水平每提升 1 个单位，菜农的认知调整将提升 0.801 个单位；认知调整对行为转变的直接效应系数为 0.523，这说明当其他条件不变时，菜农认知的认知调整每提升 1 个单位，菜农使用农药行为转变将提升 0.523 个单位；信息使用因子对行为转变的直接效应系数为 0.552，这说明当其他条件不变时，菜农的信息使用水平每提升 1 个单位，菜农使用农药行为转变将提升 0.552 个单位。信息能力对行为转变的间接效应系数为 0.419，这说明当其他条件不变时，菜农的信息能力水平每提升 1 个单位，菜农使用农药行为转变将间接提升 0.419 个单位，小于信息使用对行为转变的直接效应系数 0.552，这也说明菜农信息能力通过中间变量认知调整对行为转变的影响程度小于对行为转变的直接影响程度。

6.5　信息能力对菜农使用农药行为转变的间接影响Ⅱ

　　根据计划行为理论，主观规范、知觉行为控制潜变量也是影响行为转变的主要因素。上一章的分析结果表明，信息能力通过信息获取因子对菜农的主观规范和知觉行为控制潜变量有显著影响。因此将模型修正为：信息获取因子通过认知调整、主观规范和知觉行为控制潜变量间接影响菜农使用农药行为，信息能力中的信息使用因子对菜农使用农药行为转变产生直接影响，通过 AMOS 20.0 软件对模型拟合，得到标准化系数估计图 6-8。

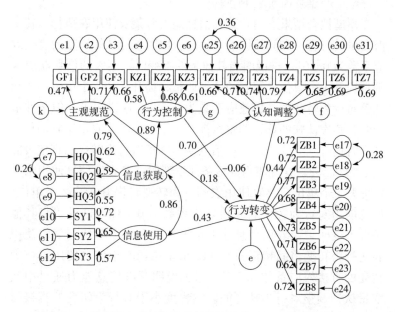

图 6-8　信息能力对行为转变间接影响模型标准化系数估计图

　　模型拟合结果显示，卡方值与自由度的比值为 2.64，RMR 指标接近 0.05 的最优标准，RMSEA 指标满足小于 0.08 的良好要求，PCFI 和 PNFI 值均满足大于 0.5 的要求，其他指标均没达到最优标准，表明拟合度不是很理想。各项指标如表 6-17 所示。

表 6 - 17　测量模型的拟合度指标

绝对拟合度				简约拟合度		增值，离中拟合度			
GFI	AGFI	RMR	RMSEA	PCFI	PNFI	NFI	RFI	IFI	CFI
0.842	0.809	0.053	0.072	0.776	0.721	0.808	0.785	0.871	0.87

系数估计结果如表 6 - 18 所示。

表 6 - 18　系数估计结果

路　　径	估计	标准误	C. R. 值	P 值
认知调整 ← 信息获取	0.933	0.127	7.372	＊＊＊
主观规范 ← 信息获取	0.741	0.123	6.007	＊＊＊
行为控制 ← 信息获取	1.111	0.153	7.240	＊＊＊
行为转变 ← 认知调整	0.457	0.074	6.142	＊＊＊
行为转变 ← 信息使用	0.533	0.151	3.523	＊＊＊
行为转变 ← 主观规范	0.258	0.134	1.927	0.054
行为转变 ← 行为控制	−0.067	0.130	−0.521	0.602

注：＊＊＊表示 P＜0.001 的显著性。

从回归系数的显著性看，信息获取因子没有通过知觉行为控制潜变量间接对菜农使用农药行为产生影响，信息获取因子通过中介变量认知调整和主观规范潜变量间接影响菜农使用农药行为转变，从文献研究结果看，本研究结果和其他研究结果有相同也存在差异：根据周洁红（2005，2006）、赵建欣（2009）、张莉侠（2009a）、程琳（2014）和王建华（2014，2015）等人在浙江省、山东省、河北省、河南省、江苏省、黑龙江省和上海市等地区的蔬菜种植户调研发现，行为控制变量显著影响蔬菜种植农户的质量安全行为，甚至知觉行为控制对施药行为的影响最大。造成本研究结果和前人研究结果差异的原因可能在于，前人考察的是知觉行为控制等因素对菜农的既定施药行为或者控制行为的影响，而本研究考察的是知觉行为控制等因素对菜农使用农药行为转变的影响，研究的对象有所差异，因而最终的分析结果也有所不同。还有一种原因可能在于，本研究中菜农使用农药行为转变的观测指标与其他文献相比较多，通过模型拟合结果看，当潜变量的观测指标缩减时，无论从各个因素的显著性方面还是整个拟合模型的拟合度方面都会有所改善。

6.6　信息能力对菜农使用农药行为转变的间接影响Ⅲ

　　前面的分析表明：菜农的个体特征变量培训经历对信息能力、认知调整和菜农使用农药行为转变具有显著影响，相关的研究文献也表明技术培训在纠正农户不良的使用农药行为习惯、提高安全用药意识方面具有重要作用（关桓达，2012），因此有必要将培训经历变量纳入到验证模型中。首先将培训经历作为自变量，通过信息能力和认知调整潜变量间接影响菜农使用农药行为转变，同时又对菜农使用农药行为产生直接影响，再将培训经历变量作为调节变量对模型进行多群组分析，以此验证各变量间的作用机理。

6.6.1　培训经历作为自变量的模型拟合

　　通过 AMOS 20.0 软件对模型拟合，得到标准化系数估计图6-9。

　　模型拟合结果显示，卡方和自由度的比值为3.81，大于3，只有 PCFI 和 PNFI 值均满足大于0.5的要求，其他指标均不理性，表明拟合度不理性，显示提出的模型与数据之间的拟合度不可以接受。各项指标和参数回归结果如表6-19和表6-20所示。

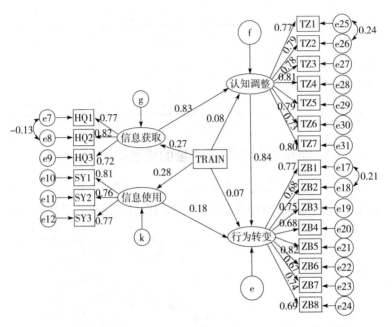

图 6-9 信息能力对行为转变间接影响模型标准化系数估计图

表 6-19 测量模型的拟合度指标

绝对拟合度				简约拟合度		增值，离中拟合度			
GFI	AGFI	RMR	RMSEA	PCFI	PNFI	NFI	RFI	IFI	CFI
0.816	0.767	0.187	0.081	0.756	0.725	0.837	0.812	0.875	0.874

表 6-20 系数估计结果

路 径	估计	标准误	C.R. 值	P 值
信息获取 ← TRAIN	0.415	0.095	4.357	＊＊＊
认知调整 ← 信息获取	0.918	0.085	10.846	＊＊＊
信息使用 ← TRAIN	0.449	0.101	4.436	＊＊＊
认知调整 ← TRAIN	0.128	0.074	1.734	0.083

（续）

路　　径	估计	标准误	C. R. 值	P 值
行为转变 ← 认知调整	0.761	0.061	12.538	＊＊＊
行为转变 ← 信息使用	0.173	0.039	4.395	＊＊＊
行为转变 ← TRAIN	0.103	0.059	1.732	0.083

注：＊＊＊表示 P＜0.001 的显著性。

6.6.2　培训经历作为调节变量的模型拟合

通过将培训经历作为分类变量，对信息能力、认知调整和菜农使用农药行为转变潜变量的作用机理模型进行多群组分析，通

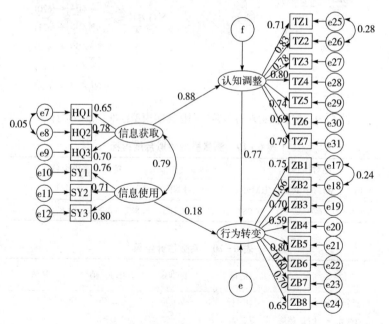

图 6 - 10　信息能力对行为转变间接影响多群组标准化
系数估计图（TRAIN＝0）

过 AMOS20.0 软件对模型进行拟合，得到两组的标准化系数估计图 6-10 和图 6-11。

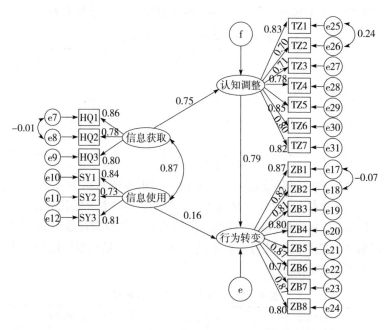

图 6-11　信息能力对行为转变间接影响多群组标准化
系数估计图（TRAIN＝1）

从拟合模型的回归系数看，菜农是否有过培训经历对信息能力对菜农使用农药行为转变的间接影响是有差异的：没有培训经历的菜农群组中，信息能力对菜农使用农药行为的间接效应是0.73，而有过培训经历的菜农群组中，信息能力对菜农使用农药行为的间接效应是0.61；没有培训经历的菜农群组中，信息能力对菜农使用农药行为的直接效应是0.167，而有过培训经历的菜农群组中，信息能力对菜农使用农药行为的直接效应是0.17。单从这一点看，有培训经历的菜农更倾向于直接将获取的信息作用于农药使用行为转变上，没有过培训经历的菜农则更倾向于经过心理的认知调整，培训经历作为调节变量对信息能力对菜农使用农药行为的影响产生了作用。两个群组的回归系数见表6-21。

表6-21　系数估计结果对照表

路　　径	估计		标准误		C. R. 值		P 值	
	无培训	培训	无培训	培训	无培训	培训	无培训	培训
认知调整 ← 信息获取	0.960	0.732	0.117	0.100	8.173	7.334	＊＊＊	＊＊＊
行为转变 ← 认知调整	0.761	0.828	0.105	0.103	7.245	8.078	＊＊＊	＊＊＊
行为转变 ← 信息使用	0.167	0.170	0.077	0.081	2.178	2.090	0.029	0.037

注：＊＊＊表示P＜0.001的显著性。

从模型的拟合指标看，卡方值和自由度的比值为2.23，小于3，尽管指标 RMR、RMSEA、PCFI、PNFI 指标比较理性，IFI 和 CFI 指标接近理想标准，但仍然有些拟合指标没有达到最优水平，说明模型的拟合度不是十分理想，测量模型的拟合度指标如表6-22所示。

表6-22　测量模型的拟合度指标

绝对拟合度				简约拟合度		增值，离中拟合度			
GFI	AGFI	RMR	RMSEA	PCFI	PNFI	NFI	RFI	IFI	CFI
0.795	0.739	0.059	0.064	0.777	0.719	0.829	0.803	0.898	0.879

从保障农产品质量安全的角度看，如果菜农能够做到尽量使用低残留农药、不使用国家违禁农药、规范使用农药、销售前不打农药基本上能保证蔬菜的质量安全，因此将以上测量指标作为菜农使用农药行为转变的基本观测指标，对模型进行拟合，得到标准化系数估计图6-12和图6-13。

模型卡方值与自由度比为1.78，小于2，从拟合指标看，除AGFI指标与0.9的最优水平有一定差距外，其他指标均接近或达到最优水平，因此模型拟合较为理想，可以接受。测量模型的

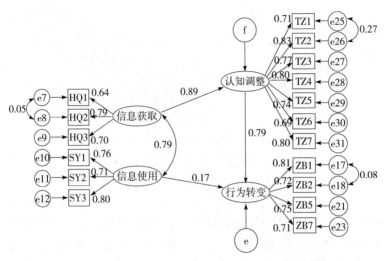

图 6-12 信息能力对行为转变间接影响多群组标准化
系数估计图（TRAIN＝0）

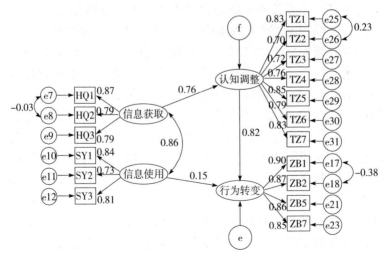

图 6-13 信息能力对行为转变间接影响多群组标准化
系数估计图（TRAIN＝1）

拟合指标如表 6-23 所示。

表 6-23　测量模型的拟合度指标

绝对拟合度				简约拟合度		增值、离中拟合度			
GFI	AGFI	RMR	RMSEA	PCFI	PNFI	NFI	RFI	IFI	CFI
0.873	0.826	0.045	0.051	0.781	0.734	0.891	0.868	0.949	0.948

从拟合模型的回归系数看，菜农是否有过培训经历对信息能力对菜农使用农药行为转变的间接影响是有差异的：没有培训经历的菜农群组中，信息能力对菜农使用农药行为的间接效应是0.82，而有过培训经历的菜农群组中，信息能力对菜农使用农药行为的间接效应是0.65；没有培训经历的菜农群组中，信息能力对菜农使用农药行为的直接效应是0.178，而有过培训经历的菜农群组中，信息能力对菜农使用农药行为的直接效应是0.156。这说明：没有培训经历的菜农更倾向于直接将获取的信息作用于农药使用行为转变上，有过培训经历的菜农则更倾向于经过心理的认知调整。从信息能力对菜农使用农药行为的间接影响方面看，没有培训经历的菜农信息能力对于认知调整的影响系数要大于有过培训经历的菜农，这与前面有过培训经历的菜农锚定程度更大的原因是一致的，培训经历作为权威的刺激信息，首先对菜农的认知调整产生显著影响，且由于这种权威的刺激信息与菜农的自我认知旧锚不一致，刺激信息取代菜农内心的认知旧锚成为一种新的内部锚，但是菜农通过培训获取的刺激信息在对认知产生正向调节作用后，又会形成新的认知锚定，因此等量的信息能力对认知调整的作用变得越来越小。从培训经历变量的作用看，培训经历作为调节变量对信息能力对菜农使用农药行为的影响产生了作用。两个群组的系数估计结果如表 6-24 所示。

表6-24 系数估计结果对照表

路 径	估计		标准误		C. R. 值		P值	
	无培训	培训	无培训	培训	无培训	培训	无培训	培训
认知调整 ← 信息获取	0.972	0.734	0.119	0.100	8.175	7.308	* * *	* * *
行为转变 ← 认知调整	0.844	0.889	0.111	0.103	7.577	8.628	* * *	* * *
行为转变 ← 信息使用	0.178	0.156	0.086	0.081	2.068	1.928	0.039	0.054

注：* * *表示 P<0.001 的显著性。

6.7 小结

本章主要分析信息能力、锚定调整对菜农使用农药行为转变的影响。通过分析得出以下几个主要结论：第一，信息获潜变量取对菜农使用农药行为转变潜变量的影响存在部分中介效应。第二，从信息能力对菜农使用农药行为转变潜变量的直接影响方面看，菜农信息能力对菜农使用农药行为转变潜变量的直接影响主要是通过信息使用因子变量对菜农使用农药行为转变潜变量起作用。第三，从信息能力对菜农使用农药行为转变潜变量的间接影响方面看：首先，在不考虑其他变量影响的前提下，信息能力对菜农使用农药行为转变潜变量的间接影响主要是通过信息获取因子对行为转变产生间接影响，信息获取因子对认知调整的直接效应系数为0.801，认知调整对行为转变的直接效应系数为0.523，信息获取因子对行为转变的间接效应系数为0.419，小于信息使用因子对行为转变的直接效应系数0.552；其次，在考虑主观规范、知觉行为控制对菜农使用农药行为转变影响的情况下，信息获取因子通过认知调整和主观规范对菜农的农药使用行为产生间接影响，没有通过知觉行为控制潜变量间接对菜农使用农药行为产生影响；最后，在考虑到个体特征变量对菜农使用农药行为转变影响的情况下，培训经历作为调节变量对信息能力影响菜农使用农药行为转变的路径产生一定的影响。

第七章　结论及政策启示

7.1　结论

　　本研究深入剖析了信息能力、锚定调整对菜农使用农药行为转变的影响。首先，通过经典理论行为转变模式、理性行为理论、计划行为理论和技术接受模型，构建了信息能力、锚定调整对菜农使用农药行为转变影响的理论分析框架；其次，根据行为经济学理论和心理学理论对菜农使用农药行为转变机理进行了深入的剖析；再次，基于全信息理论从信息意识、信息需求、信息认知、信息获取、信息使用和信息来源和渠道方面对菜农的整个信息能力情况进行了测度，并找到其显著影响因素；最后，根据菜农使用农药行为转变的机理分析，利用调研数据对菜农使用农药行为转变机理进行了验证，实证分析了信息能力、锚定调整对菜农使用农药行为转变的影响，得到以下几点主要结论：

　　第一，从菜农信息能力的角度看，菜农的信息意识、信息认知、信息获取、信息使用水平较高，影响菜农信息意识、信息需求、信息认知、信息获取与信息使用的因素中，培训经历因素是主要的显著因素，这说明培训经历对于菜农信息能力的重要性。菜农的信息来源和渠道单一且主要以传统渠道为主，菜农对农药相关信息获取的来源和渠道主要是通过销售人员的介绍，对于选择何种农药进行病虫害防治，主要是凭自我经验，影响菜农是否主要凭借自我经验选择农药进行病虫害防治的显著因素有种植时间的长短、是否参加合作社和培训经历，种植年限越长，菜农越倾向于凭借自我经验而不是采用其他渠道，培训经历作为年龄和信息渠道选择的一个混淆变量影响了菜农的信息渠道选择。

第二，从菜农认知锚定和认知调整角度看，菜农在农药购买量、购买地点、农药使用间隔期和对农药使用后的废弃物认知锚定程度较高，受外界信息的影响，菜农对农药残留、农药残留对健康和环境的影响等认知都发生了较大程度的改变。培训经历对菜农的认知锚定首先有调整作用，之后又有强化作用。

第三，从菜农使用农药行为转变角度看，菜农在为减少农药残留而采用其他防治措施、尝试使用新型农药、尽量用毒性小的农药不用国家禁止的高毒农药、规范使用农药等方面都有所转变，基于群体性组织的力量，家庭人口数量越多的菜农的农药使用行为越困难，培训经历对菜农的农药使用行为有正向显著影响，有过培训经历的菜农更容易导致农药使用行为的转变。

第四，从信息能力对菜农锚定调整的影响看，菜农信息能力对认知调整、主观规范和知觉行为控制的影响主要是通过信息获取因子起作用，菜农信息获取水平的提高对认知调整程度、主观规范程度和知觉行为控制程度都有正向的显著影响。

第五，从信息能力、锚定调整对菜农使用农药行为转变的影响看，实证结果证实了本研究提出的理论分析框架。信息能力对菜农使用农药行为转变潜变量的影响存在部分中介效应；菜农信息能力对菜农使用农药行为转变潜变量的直接影响主要是通过信息使用因子变量对菜农使用农药行为转变潜变量起作用；信息获取因子通过认知调整和主观规范对菜农的农药使用行为产生间接影响，没有通过知觉行为控制潜变量间接对菜农使用农药行为产生影响，培训经历作为调节变量对信息能力影响菜农使用农药行为转变的路径产生一定的影响。

7.2 政策启示

通过以上研究结论，得到以下几点政策启示，以期为转变菜农使用农药行为，保障蔬菜质量安全的政策出台起到抛砖引玉的借鉴。

第一，政府对菜农的培训工作的组织和实施有待于加强。政府培训对于菜农信息意识、信息需求、信息认知、信息获取和信息使用水平的提升具有十分显著影响，培训经历对于菜农为什么主要凭自我经验去选择农药品种影响具有双向作用，一方面培训作为权威信息的载体对于菜农的认知调整起到关键作用，但是如果没有新的刺激信息，培训经历又对菜农的认知锚定起到固化作用，因此要想不断地调整菜农的认知以期转变菜农的农药使用行为，需要政府不断地组织和实施对菜农的培训工作，调查中只有40.8%菜农表示政府有过相关方面的技术培训，只有37.6%的菜农表示参加过农药使用技术培训，这说明政府的培训工作有待加强。

第二，政府在信息发布的平台建设、拓宽菜农信息渠道、提升菜农的信息获取方法、保证政府发布信息内容的权威性方面有很大的提升空间。菜农对农药相关信息的了解，主要是通过销售人员的介绍，占30.4%，对于选择何种农药进行病虫害防治，主要是凭自我经验，占33%，极少利用网络技术等现代化方式去获取相关信息，向专家或者技术员咨询的频次较低，菜农对相关专家和技术人员的信任度不高，也导致了菜农不愿意去咨询相关专家和技术员。

第三，由于菜农对农药相关信息的了解主要是通过销售人员的介绍，所以政府在拓宽菜农信息渠道的同时，需要加强农药销售市场的制度规范，对于夸大农药效果、隐瞒农药副作用或者欺骗菜农的销售行为制定举报措施和惩罚措施，通过信息公开的方式，让菜农充分认识到这些隐瞒和欺骗行为。

第四，相对重要的个体或者群体对菜农的认同、对农户生产行为拥有绝对性权利的社会压力等对农户的行为也会产生影响，对于群体性的组织行为主体而言，声誉机制可以为保障蔬菜质量安全发挥有效作用，但菜农的蔬菜种植大多是一种分散经营，分散经营的小农经济对于声誉机制产生的这种压力很容易被分散，国家主导的新型农业经营主体体系的培育不失为一条有效的解决之道，通过培育专业大户、家庭农场和专业合作社等新型农业经济主体，使得相对重要的个体或者群体的认同、对农户生产行为拥有绝对性权利的社会压力等因素对农户的收入-成本产生影响，从而有效地制约农户的农业生产行为。

7.3　研究展望

本研究仅对蔬菜种植散户的信息能力、锚定调整以及二者是如何影响蔬农农药使用行为的转变进行了分析。然而随着国家新型农业经营主体的培育以及对农业合作社成长的扶持，新的问题又随之而来，对于群体性组织行为的转变是否仍然遵循这一转变机理仍然有待于验证，同时从政府方面看，如何建设信息发布平台，如何去拓宽菜农信息渠道，提升菜农的信息获取方法，如何保证政府发布信息内容的权威性需要做更进一步的研究。另外，本研究所用的数据仅是来自于山东省的调研数据，不同区域间的菜农使用农药行为可能会存在区域差异，因此有必要结合对其他地区的调研做进一步的比较分析。

由于受学科限制，本研究对于菜农心理调整的内在剖析还不够深入，对于菜农使用农药行为转变的研究需要经济学、管理学和心理学更紧密的深层次结合。总之，蔬菜质量安全作为一个全社会关注的热点在众多的学者参与研究中，仍然存在诸多的问题，说明问题的复杂性，这些问题背后的根源势必牵连到某些难以撼动的痼疾，需要学者长期的努力，因此对相关问题的研究依然任重道远。

附　　录

蔬菜种植户农药使用行为调查问卷

问卷编号：＿＿＿＿＿＿＿

您好！

首先感谢您的合作！我们正在进行一项有关菜农使用农药行为的国家自然科学基金研究项目，此次调研仅用于科学研究，没有任何商业目的，有关您的任何信息我们严格保密，不会泄露给他人，不会对您产生任何不利影响。答案没有对错优劣之分，请您根据自己实际情况回答。再次衷心感谢您对我们的热情支持和真诚合作。

国家自然科学基金课题组

调查对象：＿＿省＿＿市＿＿村　　调查时间：＿年＿月＿日

调查人：＿＿＿＿＿＿

一、基本情况

1. 您的性别？（　）

　　A. 男　　B. 女

2. 您的年龄？（　）岁

3. 您的受教育程度？（　）年

4. 您的健康状况？（　）

　　1＝非常差　2＝较差　3＝一般　4＝健康　5＝非常健康

5. 您的家庭成员（一起居住的人）（　）人？

6. 种蔬菜的家庭人口（   ）人，外面雇用（   ）人？

7. 您的社会身份？（   ）

  1＝普通农户 2＝专业种植户 3＝专业大户

  4＝农村能人 5＝村干部

8. 您是否加入合作社？（   ）

  A. 是 B. 否

9. 您是否大棚种植蔬菜？（   ）

  A. 是 B. 否

10. 您种植的大棚个数？（   ）

11. 您蔬菜种植面积_____亩，其他_____亩

12. 您种植蔬菜年限_____年

13. 您种植蔬菜年总毛收入_____元/亩

14. 您每年农药支出_____元/亩

15. 您家庭主要收入来源？（   ）

  A. 蔬菜种植 B. 外出务工

  C. 其他农业收入 D. 其他收入_____（可多选）

16. 您种植的蔬菜品种有哪些？

  A. _____ B. _____ C. _____

  D. _____ E. _____

17. 您种菜使用过的农药有哪些？

  A. _____ B. _____ C. _____

  D. _____ E. _____ F. _____

18. 您家现在植蔬菜的主要农药使用情况（根据您家蔬菜种植的实际品种，选择对应的蔬菜）：

  主要农药使用情况（应按照品种分别列表，如果表格放不下，可在后面继续填写）

作物（番茄、茄子、辣椒、黄瓜、韭菜、白菜、芹菜、豆角）	使用主要农药名称（按照含量、有效成分、剂型列出）	农药规格：克/瓶（袋、盒）	农药价格：元/瓶（袋、盒）	农药使用浓度或用药剂量：瓶（袋、盒）/亩	每亩打几桶（药箱）的药水	如打不药，果会多少失产量会少（％）	A是自己家打药，B请专业的植保队打药，请选择

二、基本认知与农药使用行为①

1. 您关注蔬菜质量安全问题吗？（　　　）

　　　1＝根本不关注　　　2＝几乎不关注　　　3＝一般

　　　4＝比较关注　　　5＝十分关注

2. 您觉得目前全国的蔬菜安全吗？（　　　）

　　　1＝非常安全　　　2＝比较安全　　　3＝一般

　　　4＝有点不安全　　　5＝非常不安全

3. 您认为影响蔬菜质量安全的重要因素是（　　　）

　　　A. 大气污染　　　B. 土壤污染　　　C. 水污染

　　　D. 农药污染　　　E. 化肥污染　　　F. 其他＿＿＿＿

4. 您觉得喷施农药时会影响人体健康吗？（　　　）

　　　1＝根本没影响　　　2＝基本没影响　　　3＝不确定

　　　4＝比较有影响　　　5＝影响非常大

5. 您觉得吃了打过农药后的蔬菜会影响人体健康吗？（　　　）

　　　1＝根本没影响　　　2＝基本没影响　　　3＝不确定

---

　　① 为了甄别被访问者是否随意回答问题，个别问题在问卷上设置了两个类似的题目。

4＝比较有影响　　　5＝影响非常大

6. 您知道哪些农药是国家禁用的农药吗？（　　　）

　　　1＝根本不知道　　　2＝不清楚　　　　　3＝有点了解

　　　4＝比较清楚　　　　5＝非常清楚

7. 您觉得是否应该研究更安全健康的农药来代替现在的农药？

（　　　）

　　　1＝非常需要　　　2＝比较需要　　　　3＝不清楚

　　　4＝不需要　　　　5＝完全不需要

8. 您种植蔬菜是为了（　　　）

　　　A. 卖给他人吃　　　B. 自己吃　　　C. 部分卖给他人部分自己吃

9. 如果选 C，您自己吃的蔬菜和卖给他人吃的蔬菜所使用的农药是相同的吗？（　　　）

　　　1＝完全一样　　　2＝基本相同　　　　3＝稍微有差别

　　　4＝差别较大　　　5＝完全不一样

10. 您打农药是为了（　　　）（可以多选）

　　　A. 灭虫　　　　　　B. 除草　　　　　　C. 增加产量

　　　D. 催熟　　　　　　E. 其他＿＿＿＿＿

11. 您最近尝试使用过把高毒性的农药换成低毒性的农药吗？

（　　　）

　　　A. 是　　　　　　　B. 否

12. 如果是，您尝试使用把高毒性的农药换成低毒性的农药动机是为了（　　　）

　　　A. 防治效果更好（　　）1＝非常不认同　2＝不认同　3＝无意见　4＝比较认同　5＝非常认同

　　　B. 卖高价（　　）1＝非常不认同　2＝不认同　3＝无意见　4＝比较认同　5＝非常认同

　　　C. 减少农药残留（　　）1＝非常不认同　2＝不认同　3＝无意见　4＝比较认同　5＝非常认同

D. 为了打药人身体健康（　　）1＝非常不认同　2＝不认同
3＝无意见　4＝比较认同　5＝非常认同

E. 减少环境污染（　　）1＝非常不认同　2＝不认同　3＝无
意见　4＝比较认同　5＝非常认同

F. 其他_____

13. 您获取使用农药知识的主要途径是（　　　）（可以多选）

A. 书刊、报纸　　　B. 亲朋好友、邻居　C. 广播、电视

D. 农药销售人员　　E. 农技人员　　　　F. 自己捉摸

G. 其他_____

14. 您选择何种农药主要是来自（　　　）（可以多选）

A. 自行决定　　　　B. 亲朋邻居推荐　　C. 卖主推荐

D. 电视广告　　　　E. 农技人员　　　　F. 其他_____

15. 您是否接受过农业技术员技术指导？（　　　）

A. 是　　　　　　　B. 否

16. 您所在的乡镇是否有组织农药使用技术培训？（　　　）

A. 是　　　　　　　B. 否

17. 您是否参加过农药使用技术培训？（　　　）

A. 是　　　　　　　B. 否

18. 您家里是否安装了宽带？（　　　）

A. 是　　　　　　　B. 否

19. 如果安装了宽带，您是否经常上网？（　　　）

1＝根本不上网　　　2＝几乎不上　　　3＝偶尔上一会
4＝有需要就上网　　5＝经常上网

20. 如果您上网，您上网的主要目的是什么？_____

21. 您能辨别出你所种植蔬菜的每一种病虫害吗？（　　　）

1＝我能够完全准确辨别　　2＝我能够辨别大部分病虫害
3＝我能辨别一小半病虫害　4＝我只能辨别一两种病虫害
5＝我完全不认识

22. 如果发生了病虫害，您如何解决？（　　　）（可多选）

　　A. 根据病情和以往经验选择农药

　　B. 向农药销售人员描述病情，根据农药销售人员的推荐选择农药

　　C. 向乡镇技术人员描述病情，根据技术人员的指导选择农药

　　D. 别人说什么农药有效果就买来试一下，主要看别人用什么药

　　E. 买农药的时候看说明书，如果能够治相应的病虫害就买那种药

　　F. 其他_____

23. 您在购买农药时最先考虑的因素是（　　　）

　　A. 防治效果　　　　B. 农药价格　　　　C. 农药对环境的影响

　　D. 农药毒性　　　　E. 其他_____

24. 农药价格对您购买农药时的影响大吗？（　　　）

　　1＝非常大　　　　2＝比较大　　　　3＝一般

　　4＝不大　　　　　5＝完全不考虑

25. 农药的使用效果影响您购买决策的程度（　　　）

　　1＝非常重要　　　　2＝比较重要　　　　3＝一般

　　4＝不重要　　　　　5＝完全不考虑

26. 购买农药时是否看销售点有无挂着营业执照和农药经营许可证？（　　　）

　　A. 是　　　　B. 否

27. 您是否能够看懂农药说明书？（　　　）

　　A. 能　　　　B. 否

　　若能够看懂，您是否将农药标签上标注的关键信息作为购买此农药的依据？（　　）A. 是　　B. 否

　　如果看不懂说明书，原因_____

28. 您在施药过程中，是否按照说明书规定标准来选择农药施用量？（　　）
    A. 按照说明书规定标准　　　　B. 比规定标准多
    C. 比规定标准少　　　　　　　D. 比较随意

29. 如果你配农药时没有看农药说明书，你如何配药？（　　）
    A. 农药零售商推荐　　　　　　B. 亲朋邻居推荐
    C. 咨询本村蔬菜种植示范户　　D. 完全凭经验
    E. 其他

30. 您配药时稀释农药的方式是怎样的？（　　）
    A. 用量杯或量筒　　　　　　　B. 用瓶盖
    C. 大概估计着倒　　　　　　　D. 几瓶农药兑一大桶水
    E. 其他_____

31. 您在生产中是否有详细的农药使用记录？（　　）
    A. 有详细记录　　　　　　　　B. 有不完整或简单的记录
    C. 没有生产记录

32. 施用农药时是否考虑农药间隔期？（　　）
    A. 是　　　　　　　　　　　　B. 否

33. 蔬菜快要销售时，您还使用农药吗？（　　）
    A. 是　　　　　　　　　　　　B. 否

34. 您在每个季节使用农药的主要方式（　　）
    A. 固定使用几种农药　　　　　B. 轮换使用几种农药
    C. 混合使用几种农药

35. 在您蔬菜种植过程中，是否有相关部门进行监管？（　　）
    A. 有　　　　　　　　　　　　B. 没有

36. 您有没有在有大风的天气或者雨后不久打过农药？（　　）
    A. 有　　　　　　　　　　　　B. 没有

37. 您有没有在有中午高温烈日的情况下打过农药？（　　）
    A. 有　　　　　　　　　　　　B. 没有

38. 您每次打完农药后剩余的农药怎么处理？（　　）

    A. 尽量用掉　　　　　　　　B. 随手倒掉

    C. 下次接着使用　　　　　　D. 其他_____

39. 废弃药瓶、药袋您都怎么处理？（　　）

    A. 随手扔掉　　　　　　　　B. 带回家卖掉

    C. 其他_____

40. 您觉得是不是农药用得越多效果越好？（　　）

    A. 是的，农药用得越多效果当然越好，只是多花钱

    B. 不是，农药用多了是浪费，都洒到地里了

41. 施用农药时，如果超过农药使用浓度，可能杀虫效果好，您觉得：

      是否造成蔬菜质量安全问题？（　　）A. 会　B. 不会

      是否会造成环境污染问题？（　　）A. 会　B. 不会

42. 施用农药时，缩短农药施用间隔期，可能杀虫效果好，您觉得：

      是否造成蔬菜质量安全问题？（　　）A. 会　B. 不会

      是否会造成环境污染问题？（　　）A. 会　B. 不会

43. 施用农药时，用禁用农药杀虫，可能杀虫效果好，您觉得：

      是否造成蔬菜质量安全问题？（　　）A. 会　B. 不会

      是否会造成环境污染问题？（　　）A. 会　B. 不会

三、信息能力、锚定（调整）与行为改变[①]

信息意识	1＝非常不认同；2＝比较不认同；3＝一般（说不好）；4＝比较认同；5＝非常认同				
YS1	农业信息对种植蔬菜和病虫害防治很重要	1	2	3	4	5
YS2	农业信息对我种植蔬菜和病虫害防治也很有用	1	2	3	4	5

---

    ① 根据心理学专家的建议，为了防止问题分类造成被访问者的"心理暗示"，调研时需要对各个问题采取无序排列，本部分内容是经过对问题整理分类后的问卷。

（续）

YS3	信息技术培训工作对蔬菜种植很有益处	1	2	3	4	5
YS4	网络对于了解农药和种植蔬菜很有用	1	2	3	4	5
YS5	新的农业科技成果对蔬菜病虫害防治很有用	1	2	3	4	5
信息需求						
XQ1	周边的人种植蔬菜用什么农药，我会打听一下	1	2	3	4	5
XQ2	我需要有人（培训）能对如何防治病虫害技术进行专门指导	1	2	3	4	5
XQ3	我有时会买一些与农药、种菜有关的书籍或者报纸阅读	1	2	3	4	5
XQ4	我需要参加一些与农药、种植蔬菜有关的培训	1	2	3	4	5
XQ5	我希望看一些与农药、种植蔬菜有关的电视节目	1	2	3	4	5
XQ6	我需要找相关专家咨询一下与农药、种植蔬菜有关的问题	1	2	3	4	5
认知能力						
RZ1	我知道我用过的农药有何毒性	1	2	3	4	5
RZ2	我知道我用过的农药能防治何种病虫害情况	1	2	3	4	5
RZ3	我知道怎样去打农药	1	2	3	4	5
RZ4	我知道什么是农药残留	1	2	3	4	5
RZ5	我知道什么是无公害农药	1	2	3	4	5
RZ6	我知道什么是绿色农药	1	2	3	4	5
RZ7	我知道什么是生物农药	1	2	3	4	5
获取能力						
HQ1	当我需要农药时，我知道去哪里买	1	2	3	4	5
HQ2	平时打药时遇到问题时，我能打听到如何解决这些问题	1	2	3	4	5
HQ3	遇到自己解决不了的病虫害时，我能打听到解决办法	1	2	3	4	5
HQ4	在使用某种农药前我能知道这种农药的效果如何	1	2	3	4	5
HQ5	当有多种农药能防治害虫时，我自己能选出效果更好的一种	1	2	3	4	5

（续）

使用能力						
SY1	我能利用获得的信息去防治病虫害	1	2	3	4	5
SY2	我能根据蔬菜每年的虫害情况准备防御措施，以减少损失	1	2	3	4	5
SY3	我能根据从别处（听）学到的信息去种植蔬菜	1	2	3	4	5
SY4	当打听到不同的病虫害防治措施后，我能找到一种比较好的方法	1	2	3	4	5
SY5	当看到一些农药信息后，我会想想能否应用到我种植的蔬菜上面	1	2	3	4	5
SY6	我曾根据掌握的信息对蔬菜种植和如何防治病虫害进行过一些改进	1	2	3	4	5
锚定						
MD1	每年每亩地购买多少农药我基本不变	1	2	3	4	5
MD2	买农药的地点我基本不换	1	2	3	4	5
MD3	防治病虫害的农药品种我基本不换	1	2	3	4	5
MD4	打药时我一般不看农药说明书	1	2	3	4	5
MD5	每次打药用多少量我按照以前经验基本不变	1	2	3	4	5
MD6	农药使用间隔期我基本有固定的日期	1	2	3	4	5
MD7	农药和水的搀兑比例我基本不变	1	2	3	4	5
MD8	打完农药后如何处理剩余农药和废弃药瓶等行为我基本不变	1	2	3	4	5
锚定调整						
TZ1	与五年前相比，我越来越清楚地认识到农药会在蔬菜上有残留	1	2	3	4	5
TZ2	与五年前相比，我越来越清楚人们吃了有农药残留的蔬菜对健康是有危害的	1	2	3	4	5
TZ3	与五年前相比，我越来越清楚地认识到喷施农药对环境有污染	1	2	3	4	5
TZ4	与五年前相比，我觉得应该研究更安全健康的农药来代替现在的农药	1	2	3	4	5

（续）

TZ5	与五年前相比，我现在觉得农药的安全比防治效果更重要	1	2	3	4	5
TZ6	与五年前相比，我觉得无公害绿色蔬菜更容易卖高价	1	2	3	4	5
TZ7	与五年前相比，人们买菜对食品安全的关注程度越来越高	1	2	3	4	5
行为转变						
ZB1	与五年前比，为了减少农药在蔬菜上的残留，我开始采用其他防治措施	1	2	3	4	5
ZB2	与五年前比，我现在尝试使用新型农药	1	2	3	4	5
ZB3	与五年前比，我现在尽量用毒性小的农药	1	2	3	4	5
ZB4	与五年前比，现在我尽量不用国家禁止的高毒农药	1	2	3	4	5
ZB5	与五年前相比，我现在打农药要比以前规范的多	1	2	3	4	5
ZB6	近几年，我开始种植绿色蔬菜	1	2	3	4	5
ZB7	近几年，我开始种植无公害蔬菜	1	2	3	4	5
ZB8	近几年，我开始种植有机蔬菜	1	2	3	4	5
ZB9	现在蔬菜快销售时，我打农药的次数比以前少了	1	2	3	4	5
ZB10	与五年前比，打农药时我现在尽量采取措施防治中毒	1	2	3	4	5
行为态度						
TD1	用低毒性农药代替高毒性农药防治效果不一定会变差	1	2	3	4	5
TD2	我是赞成用低毒性农药代替高毒性农药的	1	2	3	4	5
TD3	我认为蔬菜种植过程中施用绿色无公害农药是非常有价值的做法	1	2	3	4	5
TD4	我认为蔬菜种植过程中施用绿色无公害农药是非常有益的做法	1	2	3	4	5
TD5	我认为蔬菜种植过程中施用绿色无公害农药可减少对环境的污染	1	2	3	4	5
TD6	我认为蔬菜种植过程中施用绿色无公害农药可提高我的经济收入	1	2	3	4	5

（续）

TD7	我认为蔬菜种植过程中施用绿色无公害农药有利于老百姓身体健康	1	2	3	4	5
主观规范						
GF1	亲朋好友、邻居的观点对我如何打农药很重要	1	2	3	4	5
GF2	买菜的人对打农药的看法对我很重要	1	2	3	4	5
GF3	国家对农药的相关法律对我很重要	1	2	3	4	5
GF4	其他种植户对我如何打农药的观点	1	2	3	4	5
GF5	我打农药一般会顺从买菜人的要求	1	2	3	4	5
GF6	我会遵从国家的法律来施用农药	1	2	3	4	5
GF7	我在使用农药问题上比较容易接受他人的意见	1	2	3	4	5
行为控制						
KZ1	有时候觉得防治效果不好了我会换换农药品种	1	2	3	4	5
KZ2	有病虫害发生时换成其它防治措施并不难	1	2	3	4	5
KZ4	当新的病虫害出现时找到合适的病虫害还是有可能的	1	2	3	4	5
KZ5	对我来说，蔬菜种植使用何种农药完全取决于我自己	1	2	3	4	5
KZ6	对我来说，学会使用新的农药是非常容易的	1	2	3	4	5
KZ7	如果我愿意，我会在蔬菜种植过程中施用以前没用过的农药	1	2	3	4	5

参 考 文 献

白志刚.2012.河南豫北地区菜农的施药行为调查分析.长江蔬菜（8）：71-73.

包书政，翁燕珍，黄圣男，等.2012.蔬菜出口产地农户农药使用行为的实证研究.中国农学通报（33）：311-316.

蔡荣.2010.农业化学品投入状况及其对环境的影响.中国人口、资源与环境（3）：107-110.

陈东玉.1995.信息获取与知识结构.图书情报工作（4）：26-28.

陈渝，杨保健.2009.技术接受模型理论发展研究综述.科技进步与对策（6）：168-171.

陈雨生，乔娟，闫逢柱.2009.农户无公害认证蔬菜生产意愿影响因素的实证分析——以北京市为例.农业经济问题（6）：34-39.

程琳，郑军.2014.菜农质量安全行为实施意愿及其影响因素分析——基于计划行为理论和山东省497份农户调查数据.湖南农业大学学报（社会科学版）（4）：13-20.

储成兵，李平.2013.农户环境友好型农业生产行为研究——以使用环保农药为例.统计与信息论坛（3）：89-93.

代云云，徐翔.2012.农户蔬菜质量安全控制行为及其影响因素实证研究——基于农户对政府、市场及组织质量安全监管影响认知的视角.南京农业大学学报，12（3）：48-53，59.

樊孝凤，苏娟.2010.海南蔬菜生产者用药行为分析.江西农业学报（10）：155-158.

费威.2013.供应链生产、流通和消费利益博弈及其农产品质量安全.改革（10）：94-101.

冯忠泽.2007.农户农产品质量安全认知及影响因素分析.农业经济问题（4）：22-26.

傅新红，宋汶庭．2010．农户生物农药购买意愿及购买行为的影响因素分析——以四川省为例．农业技术经济（6）：120-128．

傅泽田，祁力钧．1998．国内外农药使用状况及解决农药超量使用问题的途径．农业工程学报（2）：7-12．

高申荣．2012．基于农药残留的中国出口农产品生产方式转型研究．无锡：江南大学．

高杨，王小楠，西爱琴，等．2016．农户有机农业采纳时机影响因素研究——以山东省 325 个菜农为例．华中农业大学学报（社会科学版）（1）：56-63．

顾晓军，谢联辉．2003．21 世纪我国农药发展的若干思考．世界科技研究与发展（2）：13-20．

关桓达，吕建兴，邹俊．2012．安全技术培训、用药行为习惯与农户安全意识——基于湖北 8 个县市 1740 份调查问卷的实证研究．农业技术经济（8）：81-86．

郝利，任爱胜，冯忠泽，等．2008．农产品质量安全农户认知分析．农业技术经济（6）：30-35．

和丽芬，赵建欣．2011．政府规制对安全农产品生产影响的实证分析．农业技术经济（7）：91-97．

侯博，高申荣，吴林海．2010．分散农户对农药残留认知的研究——以江苏无锡、南通、淮安为例．广东农业科学（2）：185-188．

侯博，侯晶，王志威．2010．农户的农药残留认知及其对施药行为的影响．黑龙江农业科学（2）：99-103．

侯博，山丽杰，牛亮云．2012．农药残留认知与主要影响因素研究——河南省 223 个小麦种植农户的案例．江南大学学报（人文社会科学版）（2）：121-131．

侯博，阳检，吴林海．2010．农药残留对农产品安全的影响及农户对农药残留的认知与影响因素的文献综述．安徽农业科学（4）：2098-2101

华小梅，江希流．1999．我国农药的生产使用状况及其对环境的影响．环境保护（9）：23-25．

华元杰，胡金生．2011．被洞悉错觉中的锚定及其调节效应．社会心理科学（7）：19-25．

黄慈渊 . 2005. 农药使用的负外部性问题及经济学分析 . 安徽农业科学
　（1）：151‐153.

黄季焜，齐亮，陈瑞剑 . 2008. 技术信息知识、风险偏好与农民施用农药 .
　管理世界（5）：71‐76.

黄月香，刘丽，培尔顿，等 . 2008. 北京市蔬菜农药残留及蔬菜生产基地农
　药使用现状研究 . 中国食品卫生杂志（4）：319‐321.

冀玮 . 2012. 公共行政视角下的食品安全监管——风险与问题的辨析 . 食品
　科学（3）：308‐312.

贾雪莉，董海荣，戚丽丽，等 . 2011. 蔬菜种植户农药使用行为研究——以
　河北省为例 . 林业经济问题（3）：266‐270.

江激宇，柯木飞，张士云，等 . 2012. 农户蔬菜质量安全控制意愿的影响因
　素分析——基于河北省藁城市 151 份农户的调查 . 农业技术经济（5）：
　35‐42.

姜立利 . 2003. 期望价值理论的研究进展 . 上海教育科研（2）：33‐35.

金雪军 . 2009. 行为经济学 . 北京：首都经济贸易大学出版社 .

孔霞，朱淀 . 2012. 农业转型中农户农药施用行为的调查 . 黑龙江农业科学
　（10）：136‐140.

雷玲 . 2012. 贵阳市蔬菜生产中农药使用现状调查 . 广东农业科学（6）：
　229‐231.

黎昌贵，周晓睿，刘志雄 . 2010. 绿色壁垒对我国农民生产行为的积极影
　响 . 生态经济（6）：124‐131.

李爱梅，田婕，李连奇 . 2011. "易得性启发式"与决策框架对风险决策倾
　向的影响 . 心理科学（4）：920‐924.

李斌，徐富明，马红宇，等 . 2011. 锚定效应对消费者决策的影响研究述
　评 . 消费经济（5）：94‐97.

李斌，徐富明，王伟，等 . 2008. 锚定效应的研究范式、理论模型及应用启
　示 . 应用心理学（3）：269‐275.

李斌，徐富明，王伟，等 . 2010. 锚定效应的种类、影响因素及干预措施 .
　心理科学进展（1）：34‐45.

李斌，徐富明，张军伟，等 . 2012. 内在锚与外在锚对锚定效应及其双加工
　机制的影响 . 心理科学（1）：171‐176.

李存金 . 2004. 行为经济学的理论、方法与应用 . 求实（5）：89-90.

李光泗，张利国 . 2006. 无公害农产品认证对生产影响的分析 . 江西农业学报（6）：169-172.

李光泗，朱丽莉，马凌 . 2007. 无公害农产品认证对农户农药使用行为的影响——以江苏省南京市为例 . 农村经济（5）：95-97.

李光泗 . 2007. 无公害农产品认证与质量控制——基于生产者角度 . 上海农业学报（1）：101-104.

李红梅，傅新红，吴秀敏 . 2007. 农户安全施用农药的意愿及其影响因素研究——对四川省广汉市 214 户农户的调查与分析 . 农业技术经济（5）：99-104.

李美，蒋京川 . 2012. 不确定情境下个体决策偏差之锚定效应的述评 . 社会心理科学（6）：3-8.

李明川，李晓辉，傅小鲁，等 . 2008. 成都地区农民农药使用知识、态度和行为调查 . 预防医学情报杂志（7）：521-524.

李争，冯中朝 . 2009. 油菜种植户的技术偏好及影响因子研究 . 中国科技论坛（9）：117-122.

刘海燕 . 2003. 认知动机理论的新进展——自我决定论心理科学，26（6）：1115-1116.

刘梅，王咏红，高瑛，等 . 2008. 我国农业发展生态环境问题及对策研究 . 山东社会科学（10）：100-103.

刘平青，张国安，韦善君 . 1999. 农业可持续发展与农作物病虫防治的关系 . 全国农业技术推广服务中心 . 农作物有害生物可持续治理研究进展 . 北京：中国农业出版社 .

娄博杰 . 2014. 农户农药使用行为特征及规范化建议——基于东部 6 省调研数据 . 中国农学通报（23）：124-128.

卢敏，李玉，张俊飚 . 2010. 农民视角的食用菌生产信息获取与相关决策行为分析 . 农业技术经济（4）：107-113

鲁柏祥，蒋文华，史清华 . 2000. 浙江农户农药施用效率的调查与分析 . 中国农村观察（5）：62-69.

吕贵兴 . 2012. 影响蔬菜安全生产的因素及农户行为与态度研究——基于青州等 4 个县市农户的调查 . 安徽农业科学（25）：12636-12639.

马九杰，赵永华，徐雪高.2008.农户传媒使用与信息获取渠道选择倾向研究.国际新闻界（2）：58-62

马庆国，王小毅.2006.认知神经科学、神经经济学与神经管理学.管理世界（10）：139-149

毛飞，孔祥智.2011.农户安全农药选配行为影响因素分析——基于陕西5个苹果主产县的调查.农业技术经济（5）：4-12.

彭春花，张明，陈有国，等.2011.不同形式的锚定值对时距估计决策过程的影响.心理科学（4）：794-798.

浦徐进，吴林海，曹文彬.2010.农户施用农药行为的自我约束机制：元制度、社区规范和均衡.科技与经济（1）：43-46.

浦徐进，吴林海，曹文彬.2011.农户施用生物农药行为的引导——一个学习进化的视角.农业系统科学与综合（2）：168-173.

曲琛，罗跃嘉.2008.难以觉察的虚假信息锚定效应.自然科学进展（8）：883-890.

曲琛，周立明，罗跃嘉.2008.锚定判断中的心理刻度效应：来自ERP的证据.心理学报（6）：681-692.

斯蒂芬·P.罗宾斯，蒂莫西·A.贾奇.2008.组织行为学.12版.北京：中国人民大学出版社.

苏祝成.2000.先着眼于市场机制——关于出口农产品"农残"问题的思考.国际贸易（6）：43-45.

孙萍，张平.2011.公共组织行为学.2版.北京：中国人民大学出版社.

孙向东.2005.蔬菜农药残留的危害、种类、超标原因及应对措施.贵州农业科学（6）：99-100.

孙新章，张新民.2010.农业产业化对农户环保行为的影响及对策.生态经济（5）：26-28.

孙彦，李纾，殷晓莉.2007.决策与推理的双系统——启发式系统和分析系统.心理科学进展（5）：721-845.

谭英，王德海，谢咏才.2004.贫困地区农户信息获取渠道与倾向性研究——中西部地区不同类型农户媒介接触行为调查报告.农业技术经济（2）：28-33.

谭英，张峥，王悠悠，等.2008.农民市场信息获取与发布的不对称性分析与对策. 农业经济问题 (6)：68-72.

童霞，吴林海，山丽杰.2011.影响农药施用行为的农户特征研究. 农业技术经济 (11)：71-83.

童娴.2012.决策判断中的认知偏差——锚定效应. 知识经济 (10)：23.

汪普庆，周德翼，吕志轩.2009.农产品供应链的组织模式与食品安全. 农业经济问题 (3)：8-12.

王二朋，周应恒.2011.城市消费者对认证蔬菜的信任及其影响因素分析. 农业技术经济 (10)：69-77.

王建.2010.农民信息获取能力现状与提升——以西部地区农村为例. 图书馆学研究 (1)：93-95

王建华，马玉婷，吴林海.2016.农户规范施药行为的传导路径及其影响因素. 西北农林科技大学学报（社会科学版）(4)：146-154.

王建华，马玉婷，晁熳璐.2014.农户农药残留认知及其行为意愿影响因素研究——基于全国五省986个农户的调查数据. 软科学 (9)：134-138.

王晓明，李雯，周爱保.2011.认知信息的详尽度与锚定对决策策略的影响. 心理科学 (1)：172-176.

王晓庄，白学军.2009.判断与决策中的锚定效应. 心理科学进展 (1)：37-43.

王晓庄.2013.调整与通达：锚定效应心理机制的研究进展. 心理与行为研究 (2)：270-275.

王永强，朱玉春.2012.启发式偏向、认知与农民不安全农药购买决策——以苹果种植户为例. 农业技术经济 (7)：48-55.

王永强.2011.美国农药使用制度对我国果蔬种植基地农药使用的启示. 中国科技论坛 (3)：153-158.

王志刚，胡适，黄棋.2012.蔬菜种植农户对农药的认知及使用行为——基于山东莱阳、莱州、安丘三市的问卷调研. 新疆农垦经济 (6)：1-6.

王志刚，黄圣男，和志鹏.2012.不同农业生产模式中农户对绿色农药的认知及采纳行为研究——基于北京海淀、山东寿光、黑龙江庆安三地的调查. 山西农业大学学报（社会科学版）(5)：454-459.

王志刚，李腾飞，彭佳.2011.食品安全规制下农户农药使用行为的影响机制分析——基于山东省蔬菜出口产地的实证调研. 中国农业大学学报

（3）：164 - 168.

王志刚，李腾飞 . 2012. 蔬菜出口产地农户对食品安全规制的认知及其农药决策行为研究 . 中国人口·资源与环境（2）：164 - 169.

王志刚，梁爽，李腾飞 . 2012. 蔬菜出口产地农药价格的决定机制研究 . 中国人口·资源与环境（11）：182 - 185.

王志刚，吕冰 . 2009. 蔬菜出口产地的农药使用行为及其对农民健康的影响——对来自山东省莱阳、莱州和安丘三市的调研证据 . 中国软科学（11）：72 - 80.

王志刚，翁燕珍 . 2012. 蔬菜出口产地农户使用农药行为研究 . 北京工商大学学报（自然科学版）（4）：79 - 84.

王志刚，姚一源，许栩 . 2012. 农户对生物农药的支付意愿：对山东省莱阳、莱州和安丘三市的问卷调查 . 中国人口·资源与环境（5）：54 - 57.

王重鸣 . 1988. 不确定条件下管理决策的认知特点和策略 . 应用心理学（3）：10 - 15.

魏欣，李世平 . 2012. 蔬菜种植户农药使用行为及其影响因素研究 . 统计与决策（24）：116 - 118.

温忠麟，张雷，侯杰泰 . 2004. 中介效应检验程序及其应用 . 心理学报，36（5）：614 - 620.

吴林海，侯博，高申荣 . 2011. 基于结构方程模型的分散农户农药残留认知与主要影响因素分析 . 中国农村经济（3）：35 - 48.

吴林海，张秀玲，山丽杰，等 . 2011. 农药施药者经济与社会特征对施用行为的影响：河南省的案例 . 自然辩证法通讯（3）：60 - 58，127.

吴林海，钟颖琦，山丽杰 . 2013. 公众食品添加剂风险感知的影响因素分析 . 中国农村经济（5）：45 - 57.

吴森，王家铭 . 2012. 家户经营模式下的农产品质量安全风险及其治理 . 农村经济（1）：21 - 25.

吴耀，赵丽，洪奎贤，等 . 2013. 对我国蔬菜上农药使用现状的分析与思考 . 中国植保导刊（4）：51 - 52，63.

谢惠波 . 2005. 蔬菜中农药残留量的测定及去除方法研究 . 现代预防医学（9）：1160 - 1161.

谢翌 . 2006. 教师信念：学校教育中的"幽灵" . 大连：东北师范大学 .

徐晓新.2002.中国食品安全：问题、成因、对策.农业经济问题（10）：45-48.

颜小灵，钟毅平.2009.社会认知中归类的启发式策略.心理研究（3）：22-25.

阳检，高申荣，吴林海.2010.分散农户农药施用行为研究.黑龙江农业科学（1）：45-47.

阳检，侯博，吴林海.2010.农药负面效应、农户农药施用行为与影响因素述评.广东农业科学（3）：226-230.

杨国枢.2006.社会及行为科学研究法（上册）.13版.重庆大学出版社.

杨和连，张建伟，孙丽，等.2010.新乡市菜农农药施用行为调查.贵州农业科学（1）：86-88.

杨普云，李萍，周金玉，等.2007.云南小规模农户蔬菜种植习惯和病虫防治行为研究.植物保护（6）：94-99.

杨小山，林奇英.2011.经济激励下农户使用无公害农药和绿色农药意愿的影响因素分析——基于对福建省农户的问卷调查.江西农业大学学报（社会科学版）（1）：50-54.

杨治良，郭力平.2001.认知风格的研究进展.心理科学，24（3）：326-329.

尹可锁，吴文伟，徐汉虹，等.2009.滇池周边蔬菜和花卉种植户经营现状及病虫害管理情况调查.西南农业学报（6）：1638-1642.

虞轶俊，施德，石春华，等.2007.浙江省农民农药施用行为调查分析与对策思考.中国植保导刊（2）：8-10.

苑春荟，龚振炜，陈文晶，等.2014.农民信息素质量表编制及其信效度检验.情报科学（2）：26-28.

曾五一，黄炳艺.2005.调查问卷的可信度和有效度分析统计与信息论坛.统计与信息论坛（6）：11-15.

瞿逸舟，阳检，吴林海.2013.分散农户农药施用行为与影响因素研究.黑龙江农业科学（1）：60-64.

瞿逸舟，朱音，吴林海.2013.农产品适度规模种植经营面积与农药施用行为研究——以浙江吉安茶叶生产为案例.安徽农业科学（2）：856-862，926.

张钢，薄秋实 . 2012. 问题解决中的启发式：一个整合性的理论框架 . 自然辩证法通讯（6）：55 - 61.

张俊，王定勇 . 2004. 蔬菜的农药污染现状及农药残留危害 . 河南预防医学杂志，，15（3）：182 - 186.

张莉侠，谈平 . 2009. 上海市农户蔬菜质量安全控制行为分析 . 中国农学通报（20）：90 - 94.

张莉侠 . 2009. 蔬菜质量安全控制行为及影响因素分析 . 上海农业学报（4）：89 - 94.

张伟，朱玉春 . 2013. 基于 Logistic 模型的蔬菜种植户农药安全施用行为影响因素分析 . 广东农业科学（4）：216 - 220.

张新勤 . 2011. 新时期提升农民信息获取能力对策探析 . 中共郑州市委党校学报（4）：104 - 106.

张星联，张慧媛，武文涵，等 . 2013. 农户对农药残留控制意愿的实证研究 . 农产品质量与安全（3）：58 - 62.

张云华，马九杰，孔祥智，等 . 2004. 农户采用无公害和绿色农药行为的影响因素分析——对山西、陕西和山东 15 县（市）的实证分析 . 中国农村经济（1）：41 - 49.

张宗毅 . 2011. 基于农户行为的农药使用效率、效果和环境风险影响因素研究 . 南京：南京农业大学 .

赵建欣，张晓凤 . 2007. 蔬菜种植农户对无公害农药的认知和购买意愿——基于河北省 120 家菜农的调查分析 . 农机化研究（11）：70 - 73.

赵建欣，张忠根 . 2009. 农户安全蔬菜供给决策机制实证分析——基于河北省定州市、山东省寿光市和浙江省临海市菜农的调查 . 农业技术经济（5）：31 - 38.

钟甫宁，宁满秀，邢鹂，等 . 2006. 农业保险与农用化学品施用关系研究——对新疆玛纳斯河流域农户的经验分析 . 经济学（季刊）（1）：291 - 308.

钟义信 . 1996. 信息科学原理 . 北京：北京邮电大学出版社 .

钟义信 . 2008. "理解" 论：信息内容认知机理的假说 . 北京邮电大学学报（3）：1 - 8.

周峰，徐翔 . 2008. 无公害蔬菜生产者农药使用行为研究——以南京为例 . 经济问题（1）：94 - 96.

周洁红 2005. 生鲜蔬菜质量责安全管理问题研究——以浙江省为例. 杭州：浙江大学.

周洁红. 2006. 农户蔬菜质量安全控制行为及其影响因素分析——基于浙江省 396 户菜农的实证分析. 中国农村经济 (11)：25 - 34.

周曙东，张宗毅. 2013. 农户农药施药效率测算、影响因素及其与农药生产率关系研究——对农药损失控制生产函数的改进. 农业技术经济 (3)：4 - 13.

朱春雨，李健强. 2013. 基于蔬菜安全生产的农药研发和使用现状分析研究——来自全国农药登记药效试验技术负责人群体的调查报告. 农药科学与管理 (5)：10 - 19.

朱丽莉. 2006. 无公害与普通农产品生产中农户行为差异分析. 金陵科技学院学报 (4)：76 - 79.

朱雪兰，洪潇伟，韦开蕾. 2013. 冬季瓜菜种植农户的农药使用行为分析. 黑龙江农业科学 (9)：87 - 90.

朱音，吴林海. 2010. 种植面积不同的农户农药施用行为的比较研究. 浙江农业科学 (5)：1024 - 1029.

庄龙玉，简小鹰，张磊，等. 2011. 影响农民使用农药行为的因素探析——以山东寿光市田苑果菜有限公司为例. 湖北农业科学 (20)：4318 - 4320.

A W Wicher. 1969. Attitude Versus Action：the relationship of verbal and overt behavioral responses to attitude objects. Journal of Social Issues (1)：41 - 78.

AA Al-Zaidi, EA Elhag, SH Al-Otaibi, et cal. 2011. Negative effects of pesticides on the environment and the farmers awareness in saudi arabia：A case study. Japs Journal of Animal & Plant Sciences, 21 (3)：605 - 611.

Abhilash P C, Nandita Singh. 2009. Pesticide use and application：An Indian scenario. Journal of Hazardous Materials (165)：1 - 12.

AV Waichman, E Eve, NCDS Nina. 2007. Do farmers understand the information displayed on pesticide product labels? A key question to reduce pesticides exposure and risk of poisoning in the Brazilian Amazon. Crop Protection, 26 (4)：576 - 583.

AV Waichman, J Römbke, MOA Ribeiro, et al. 2002. Use and fate of pesticides in the Amazon State, Brazil. Environmental Science & Pollution Research International, 9 (6): 423 - 428.

C Chen, Y Qian, Q Chen, et al. 2011. Evaluation of pesticide residues in fruits and vegetables from Xiamen, China. Food Control, 22 (7): 1114 - 1120.

CA Damalas, GK Telidis, SD Thanos. 2008. Assessing farmers' practices on disposal of pesticide waste after use. Science of the Total Environment, 390 (s 2—3): 341 - 345.

CA Damalas, MG Theodorou, EB Georgiou. 2006. Attitudes towards pesticide labelling among Greek tobacco farmers. International Journal of Pest Management, 52 (52): 269 - 274.

CA Kiesler, RE Nisbett, M Zanna. 1969. On Inferring One's Belief from One's Behavior. Journal of Personality and Social Psychology (4): 321 - 327.

D Godfred, A Osei. 2008. Dietary intake of organophosphorus pesticide residues through vegetables from Kumasi, Ghana. Food & Chemical Toxicology An International Journal Published for the British Industrial Biological Research Association, 46 (12): 3703 - 3706.

DJ Bem. 1972. Self - perception Theory, in L. Berkowitz (ed.) Advances in Experimental Social Psychology, New York: academic press (6): 1 - 62.

DJ Ecobichon. 2001. Pesticide use in developing countries. Toxicology, 160 (1 - 3): 27 - 33.

E Jørs, F Lander, O Huici, et al. 2014. Do Bolivian small holder farmers improve and retain knowledge to reduce occupational pesticide poisonings after training on Integrated Pest Management? Environmental Health, 13 (1): 1 - 9.

Ewa Rembial kowska. 2007. Quality of plant products from organic agriculture. Journal of the Science of Food & Agriculture (87): 2757 - 2762

GA Matthews. 2008. Attitudes and behaviours regarding use of crop protection products—A survey of more than 8500 smallholders in 26 countries. Crop Protection, 27 (s 3 - 5): 834 - 846.

Gaber S, Abdel-Latif SH. 2012. Effect of Education and Health Locus of Control on Safe Use of Pesticides: A Cross Sectional Random Study. Journal of Occupational Medicine and Toxicology, 7 (1): 3.

H Aarts, B Verplanken, Van knippenbeng A. 1998. Knippenberg. Predicting Behavior from Actions in The Past: Repeated decision making a matter of habit. Journal of Applied Social Psychology (28): 1355 - 1374.

HD Bon, J Huat, L Parrot, A Sinzogan, et al. 2014. Pesticide risks from fruit and vegetable pest management by small farmers in sub-Saharan Africa-A review. Agronomy for Sustainable Development, 34 (4): 723 - 736

HK Jensen, F Konradsen. 2011. A Dalsgaard. Pesticide Use and Self - Reported Symptoms of Acute Pesticide Poisoning among Aquatic Farmers in Phnom Penh, Cambodia. Journal of Toxicology, 66 (2): 65 - 74.

I Ajzen. 1991. The Theory of Planned Behavior. Organizational Behavior and Human Decision Processes (50): 179 - 211.

I Ajzen. 1996. The Directive Influence of Attitudes on Behavior. in M. Gollwitzer and J. A. Bargh (eds.) The Psychology of Action: linking cognition and motivation to behavior. New York: 385 - 403.

I Ajzen. 2002. Residual Effects of Past on Later Behavior: Habituation and Reasoned Action Perspectives. Personality and Social Psychology Review (2): 107 - 122.

IR Newby-Clark, I McGregor, MP Zanna. 2002. Thinking and Caring about Cognitive Consistency: when and for whom does attitudinal ambivalence feel uncomfortable? Journal of Personality and Social Psychology (2): 157 - 166.

J Willock, IJ Deary, G Edwards-Jones, et al. 1999. The Role of Attitudes and Objectives in Farmer Decision Making: Business and Environmentally-Oriented Behaviour in Scotland. Jouranl of Agricultural Economics, 50 (2): 286 - 303.

Joseph P Simmons, Leif D Nelson. 2010. The Effect of Accuracy Motivation on Anchoring and Adjustment: Do People Adjust From Provided Anchors? Journal of Personality and Social Psychology, 99 (6): 917 - 932.

Kelley HH. 1967. Attribution theory in social psychology. In D. Levine (ed.) Nebraska Symposium on Motivation. Lincoln: University of Nebraska Press (15): 192 - 238.

L Festinger. 1957. A theory of Cognitive Dissonance. Stanford: Stanford University Press.

M Arshad, A Suhail, MD Gogi, et cal. 2009. Farmers' perceptions of insect pests and pest management practices in Bt cotton in the Punjab, Pakistan. International Journal of Pest Management, 55 (1): 1-10.

MA Daam, PJ Van. 2010. Implications of differences between temperate and Tropical freshwater ecosystems for the ecological risk assessment of Pesticides. Scandinavian Journal of Urology & Nephrology, 19 (1): 24-37.

Martin Fishbein, I. Ajzen. 1975. Belief. Attitude, Intention and Behavior: An Introduction to Theory and Research. Menlo Park, CA: Addison-Wesley Publishing company, Inc: 16.

Mussweiler T, Englich B, Strack F. 2012. Anchoring effect. In R. Pohl (Ed.), Cognitive illusions-A handbook on fallacies and biases in thinking, judgment and memory. London, UK: Psychology Press: 183-200.

Mussweiler T, Strack F. 2000. The use of category and exemplar knowledge in the solution of anchoring tasks. Journal of Personality and Social Psychology, 78 (6): 1038-1052

NA Jatto, MA Maikasuwa, A Audu, et al. 2012. Assessment of Farmers' Understanding of the Information Displayed on Pesticide Product labels in Ilorin Metropolis of Kwara State. Agrosearch 12 (1) .

Ngowi, A. V. F. , Mbise, T. J. , Ijani, A. S. M. , London, L. and Ajayi, O. C. 2007. Pesticides Use by Smallholder Farmers in Vegetable Production in Northern Tanzania. Crop Protection (26): 1617-1624.

Petrov, A. A. , & Anderson, et al. 2005. The dynamics of scaling: A memory-based anchor model of category rating and absolute identification. Psychological Review, 112 (2): 383-416.

R Mejía, E Quinteros, A López, et al. 2014. Pesticide-Handling Practices in Agriculture in El Salvador: An Example from 42 Patient Farmers with Chronic Kidney Disease in the Bajo Lempa Region. Occupational Diseases & Environmental Medicine, 2 (2): 56-70.

RA Baron, D Byrnt, J Suls. 1988. Exploring Social Psychology (3thed) . Allyn and Bacon.

S Lappharat，W Siriwong，S Norkeaw. 2014. Contamination and Footprints of Organ‑ophosphate Pesticide on Rice‑Growing Farmers' Bodies：A Case Study in Nakhon Nayok Province，Central Thailand. Journal of Agromedicine，19（2）.

S Sutton. 1994. The Past Predicts The Future：Interpreting behavior‑behavior relationships in social psychological models of health behavior. In D. R. Rutter，L. Quine（Eds.）Social Psychology and Health：European perspectives. Aldershot，UK：Avebury：71‑88.

S Sutton. 1998. Predicting and Explaining Intentions and Behavior：how well are we doing？. Journal of Applied Social Psychology（8）：1317‑1338.

SA Quandt，H Chen，JG Grzywacz，et al. 2010. Cholinesterase depression and its association with pesticide exposure Across the agricultural season among Latino farmworkers in North Carolina. Environmental Health Perspectives，118（5）：635‑639.

SA Starbird. 2005. Moral Hazard，Inspection Policy，and Food Safety. American Journal of Agricultural Economics，87（1）：15‑27.

SA Starbird. 2005. Supply Chain Contracts and Food Safety. Choices，20（2）：1‑5.

SE Taylor. 1975. On Inferring One's Attitudes from One's Behavior：some delimiting conditions. Journal of Personality and Social Psychology（1）：126‑131.

Shuqin Jin，B Bluemling，APJ Mol. 2014. Information，trust and pesticide overuse：Interactions between retailers and cotton farmers in China. NJAS-Wageningen Journal of Life Sciences（s72‑73）：23‑32.

SJ Brecher. 1984. Empirical Validation of Affect，Behavior and Cognition as Distinct Components of Attitude. Journal of Personality and Social Psychology（5）：1191‑1205.

SJ Kraus. 1995. Attitudes and the Prediction of Behavior：a meta-analysis of the empirical literature. Personality and Social Psychology Bulletin（1）：58‑75.

SL Crites，Jr LR Fabrigar，RE Petty. 1994. Measuring the Affective and

Cognitive Properties of Attitude: conceptual and methodological issues. Personality and Social Psychology Bulletin (11): 619 - 634 .

T Hasing, CE Carpio, DB Willis, et al. 2012. The Effect of Label Information on U. S. Farmers' Herbicide Choices. Agricultural and Resource Economics Review, 41 (2): 200 - 214.

Topp CFE, Stockdale EA, Watson CA, et cal. 2007. Estimating resource use efficiencies in organic agriculture: a review of budgeting approaches used. Journal of the Science of Food & Agriculture (87): 2782 - 2790.

Tversky A, Kahneman D. 1974. Judgment under uncertainty: Heuristics and biases. Science, New Series (18): 1124 - 1131.

Upmeyer A, Six B, et al. 1989. Attitudes and Behavioral Decisions. Springer-Verlag New York Inc.

Weiner B. 2000. Intrapersonal and Interpersonal Theories of Motivation from an Attributional Perspective. Educational Psychology Review, 12 (1): 1 - 14.

Zhou Jie - hong, Liang Qiao. 2015. Food safety controls in different governance structures in China's vegetable and fruit industry. Journal of Integrative Agriculture, 14 (11): 2189 - 2202

Zhou Jiehong, Shaosheng Jin. 2009. Safety of vegetables and the use of pesticides by farmers in China: Evidence from Zhejiang province. Food Control (11): 1043 - 1048.

后　记

本书是在博士论文的基础上修改完成的。

当初论文定定稿之际，心怀忐忑，而今整理出版，仍然忐忑。受笔者研究问题的能力所限，成稿的论文不尽如人意之处在所难免。论文的写作过程中有幸得到多人的帮助和支持，才能得以完稿，而今无以为报，寥寥数语，难表寸心。

感谢张广胜教授、王春平教授、陈珂教授、杨肖丽教授、李旻教授、江金启副教授、王振华博士等各位老师通过各种途径给予的帮助和指点。尤其是作者与杨肖丽老师和王振华老师的讨论，从她（他）们那里聆听到了不少高见。

感谢中国农业大学的郭沛教授、华南农业大学的万俊毅教授和中国农业科学院的吴敬学研究员在预答辩中提出的宝贵而又中肯的建议；感谢上海交通大学史清华教授、中国人民大学王志刚教授和浙江工商大学赵连阁教授的教诲；感谢济南大学经济学院张红副教授在调研上的帮助。感谢渤海大学管理学院的靖飞教授和杨皑平教授，论文的有些思路来自靖飞教授的观点，使用的有些计量软件使用方法来自杨皑平教授的讲解，感谢渤海大学教体学院范会勇教授和张征老师在心理学方面给予的指导，感谢渤海大学大学外语部刘实老师在翻译上的帮助。

感谢几位帮忙录入数据的师弟师妹，替笔者分担了数百份数据录入的辛苦。

后　记

感谢国家自然科学基金项目（编号：71473167）的资助，不仅解决了研究的全部调研费用，也给予了极大的研究动力。

再次说声谢谢你们，祝愿好人一生幸福！

王绪龙

图书在版编目（CIP）数据

信息能力、锚定调整与菜农使用农药行为转变：基于山东省的调查/王绪龙，周静著 . —北京：中国农业出版社，2018.8

ISBN 978 - 7 - 109 - 17502 - 0

Ⅰ.①信… Ⅱ.①王… ②周… Ⅲ.①农药施用—行为分析 Ⅳ.①S48

中国版本图书馆 CIP 数据核字（2018）第 171071 号

中国农业出版社出版

（北京市朝阳区麦子店街 18 号楼）

（邮政编码 100125）

责任编辑 刘明昌

中国农业出版社印刷厂印刷 新华书店北京发行所发行

2018 年 8 月第 1 版 2018 年 8 月北京第 1 次印刷

开本：880mm×1230mm 1/32 印张：6.5

字数：180 千字

定价：38.00 元